美丽乡村建设实践丛书

传统村落原生性景观保护与利用

刘　澜　张军学　杜　娟　著

中国建材工业出版社

北　京

图书在版编目（CIP）数据

传统村落原生性景观保护与利用/刘澜，张军学，
杜娟著．--北京：中国建材工业出版社，2023.12
（美丽乡村建设实践丛书）
ISBN 978-7-5160-3846-8

Ⅰ.①传… Ⅱ.①刘…②张…③杜 Ⅲ.①村落—
景观保护—研究—中国 Ⅳ.①TU986.2

中国国家版本馆 CIP 数据核字（2023）第 191568 号

内容简介

本书根据美丽乡村建设要求，聚焦传统文化保护与延续，将传统村落原生性景观研究成果有效转化为乡村历史文化保护与利用的策略方法，可为美丽乡村建设等提供决策参考与技术支持，实现乡村文化保护与经济发展双赢。

本书共设 6 章，分别为绪论、传统村落原生性景观的表现、传统村落原生性景观解析、传统村落原生性景观特质的保护、传统村落原生性景观特质的利用、传统村落原生性景观特质保护与利用实例。本书可供乡村建设管理部门人员，风景园林、建筑等学科教师、学生和研究设计人员等参考学习。

传统村落原生性景观保护与利用
CHUANTONG CUNLUO YUANSHENGXING JINGGUAN BAOHU YU LIYONG
刘 澜 张军学 杜 娟 著

出版发行：中国建材工业出版社
地　　址：北京市海淀区三里河路 11 号
邮　　编：100831
经　　销：全国各地新华书店
印　　刷：北京印刷集团有限责任公司
开　　本：787mm×1092mm　1/16
印　　张：10.75
字　　数：260 千字
版　　次：2023 年 12 月第 1 版
印　　次：2023 年 12 月第 1 次
定　　价：48.00 元

前　言

我国拥有大量传统村落，因其具有特色的自然和人文景观而备受关注，成为重要的文化和旅游资源。在城乡快速发展和全民旅游的时代背景下，传统村落原生性景观面临着两大威胁：一方面，快速城镇化的发展建设，干扰和破坏了乡村原生性景观肌理；另一方面，文保单位、地方政府所倡导的历史民居"博物馆式"保护和村民自发的修缮、改建居住房屋的两难困局凸显，村落活力丧失和空心化程度严重，传统村落原生性景观保护难以为继。究其原因，存在两个方面的问题：一是相关管理部门与村民不了解传统村落原生性景观的重要价值，不会保护与利用；二是虽然知道传统村落原生性景观的重要价值，但保护与利用不合理。第一个问题，可以通过宣传、政策扶持等手段解决；而解决第二个问题，就是本书的研究初衷。

传统村落原生性景观特质是展现和承载村落历史文化特征的空间载体，是认知传统村落景观空间的工具、表达传统村落景观空间秩序的语言、延续传统村落景观风貌的手段，也是指导传统村落景观规划的重要依据。科学研究传统村落原生性景观特质并将研究成果运用于传统村落规划发展，在改善传统村落物质生活条件的同时延续好传统村落景观的特征脉络，是解决第二个问题的重要途径。

以往村落形态研究大多聚焦建筑单体或建筑聚落，对建筑与环境的整体景观研究较少，且多以定性分析为主，鲜见量化研究。本书从传统村落中以建筑聚落为代表的人文景源和自然景源交互作用视角，展开传统村落原生性景观特质研究，运用地理信息系统（Geographic Information System，GIS）技术、图式语言等多学科定性和定量相结合的研究方法，对传统村落原生性景观特质进行全面解析，为制订传统村落原生性景观规划方案提供了更加精准的基础资料，为评价传统村落原生性景观规划方案提供量化手段，为管理控制传统村落原生性景观形态提供依据，以期有效促进传统村落原生性景观传统特征的良性传承和优化，促进传统村落原生性景观的保护与利用。

本书研究主要从以下几个方面依次展开。

第一部分（第一章）介绍了本书的研究缘起和背景，对相关概念进行界定，分析了传统村落原生性景观保护存在的问题及根源，梳理了当前相关基础理论研究和应用理论与技术方法情况，提出了传统村落原生性景观特质研究的"S-O-P-E"路径，明确了传统村落原生性景观保护与利用的原则，为后续研究提供思路和指导。

第二部分（第二章、第三章）研究分析了传统村落原生性景观的表现，从不同角度进行解析。首先，从原生性景观的传统性、地域性、抽象性、显隐性等基本特性分析入手，对景观特质形成的自然因素和人文因素等进行研究，进而明确传统村落原生性景观形态的基本构成，描述原生性景观形态单元模式和组合模式；再分别从几何属性、功能属性及研究维度对传统村落原生性景观的影响进行解构。其次，根据构成理论，将乡村景观肌理形态拆解为骨格、基本形和群化体等肌理结构要素，并基于分形学理论，通过分形维数值的计算及分析，对基本形和群化体（聚落肌理）在不同尺度层级的结构化程度、复杂程度等进行量化解析。最后，运用"界面密度""贴线率""正面率"等街巷形态参数量化方法分析几个典型传统乡村街巷肌理特征，以期为传统村落原生性景观保护与利用提供参考。

第三部分（第四章）分别从大尺度、中尺度、小尺度三个层级研究原生性景观特质的保护问题。其中，大尺度，即镇域级原生性景观特质的保护，主要是对大范围的典型自然景观和人文景观特质的保护；中尺度，即村落级原生性景观特质的保护，通常根据山水格局等要素对聚落的综合影响力进行分析，按照高、低两个等级采取有区别的保护；小尺度，即村域内原生性景观特质的保护，可以基于生态敏感性实施不同等级的保护，还可以从原生性景观要素和结构两个角度进行保护。在此基础上，进一步研究提出了原生性景观特质保护的管理机制。

第四部分（第五章）先明确了传统村落原生性景观特质利用的主要领域，包括为确定传统村落性质和发展方向、制订传统村落原生性景观规划方案、评价传统村落原生性景观规划方案、管理控制传统村落原生性景观形态提供依据；并提出了"分析景观特质—景观价值分析—确定发展主题—组织总体规划—进行具体设计—开展村落建设"的传统村落原生性景观特质利用的基本路径，为有效利用传统村落原生性景观特质提供了指导。

第五部分（第六章）基于上述研究成果，选取太湖流域西山传统村落为对象进行实例研究。在总体梳理西山传统村落基本情况的基础上，基于其原生性景观的特点，提出针对性的研究思路与方法，就"山水格局—聚落"影响力展开分析，明确聚落与山体、水体等核心要素的空间关系，梳理"山水格局—聚落"类型及分布，从而较为全面地研究分析了西山传统村落原生性景观特质。选取东村和鹿村为对象，分别从生态敏感性评价和原生性景观结构的保护研究出发，提出了保护的具体策略；选取甪里村为对象，按照传统村落原生性景观特质利用的基本路径，提出了利用的具体策略。

本书运用了多学科综合量化方法和提炼的一系列量化指标，可用于更为具体而精准的原生性景观特质描述，并实现景观形态在定量上的比较、分类和评述，可为制订传统村落原生性景观规划方案提供更加精准的基础资料。本书基于定性与定量相结合的方法，能够较好地对不同尺度层次传统村落原生性景观特质进行全面、系统的解析，为保护与利用传统村落原生性景观提供依据，实现兼顾传承传统特征与满足现代生活需求的双赢。

本书撰写过程中，得到了南京林业大学众多专家的指导和帮助，尤其是王浩教授、赵兵教授、张青萍教授、唐晓岚教授、邱冰教授、费文君副教授提出的建设性修改意见，拓宽了笔者的思路。感谢熊星、王军围、潘峰、张卓然、汤鹏、张展、朱振兴、卢振飞、卞帅、蒋祁瀚等好友的帮助与共享，使本书得以顺利出版。

刘澜
2023 年 9 月

目　录

第一章 绪 论

传统村落是典型的人文生态系统，具有丰富的自然和人文原生性景观。这些原生性景观主要是指传统村落在长期历史进程中，人类活动和自然环境长期互动而形成的各类景观。原生性景观具有历史性和阶段性，其形成既受自然环境条件的制约，又受人类各类活动的影响，是自然、文化、经济、社会、人口等诸因素在传统村落的综合表现。在长期发展演变后，传统村落原生性景观成为具有一定自然和历史文化特征的载体，反映了村落的变迁发展，承载了丰富的历史信息。研究传统村落原生性景观特质，即从可视的原生性景观中研究其形态、功能及作用过程等，分析其客观物质性和精神文化性，这既是认识传统村落原生性景观的工具，又是描述传统村落原生性景观的手段，将在传统村落的发展规划、环境改善及景观设计中起到重要的作用。

自改革开放以来，我国城市化发展提质增速，伴随着大量农村人口如潮水般涌入城市，传统村落人口锐减，城市周边的乡镇地区不断学习照搬城市的发展模式和生活方式，或受经济利益的驱使盲目开发，冲击了传统村落自然环境和社会、文化的原始风貌。近年来，传统村落振兴与发展日益受到国家和政府的高度重视。然而在以追求短期经济效益为发展目标的引导下，一些传统村落发展以破坏传统村落景观和生态环境等为代价，对传统村落造成不可逆的文化和生态损失，传统村落受到城市生活方式的挤压侵占陷于传统村落文化传承断档、传统村落景观破坏的困境，保护传统村落景观和文化刻不容缓。在此背景下，研究分析并保护与利用传统村落原生性景观特质，显得十分必要和紧迫。

第一节 传统村落原生性景观的概念

界定传统村落原生性景观的概念，有必要明确"传统村落""乡村景观""原生性景观"等关键词的内涵。

一、传统村落的概念

中国传统村落是指拥有较深厚的历史底蕴、较丰富的文化景观，具有科学参考价值、独具特色的风俗习惯和经济功能的村落，是我国农耕文明的宝贵遗产。我国目前已将"古村落"更名为"传统村落"，前后公布了四批名单共 4153 个，其中江南地区就有 53 个，这体现了中国在村落价值认知方面的进步。我国的传统村落大多历史悠久，人文资源丰富，拥有较高审美价值和生态价值的自然环境，是自然、人工及文化三要素的统一体，兼具审美、生态和文化传承等功能。

此外，还有古村落、历史文化名村等与传统村落相关的概念。

其中，古村落是指具有一定文化积淀的历史悠久的村落，是基于村落历史和文化背景的通俗说法。各类文献中有大量关于"古村落"的概念和描述，但对于"古"的含义和程度界定较缺乏。朱晓明[1]认为，古村落是于 1912 年以前建成（民国前村落已建成），村落建筑风格、村落的形态经历了长久的历史变迁，形成了具有村落特色的风俗习惯和民俗风气，目前依旧为人们所知而且留存下来的村落。刘沛林[2]将历史范围略缩小，认为古村落主要指宋元明清时期遗留下来的，村内的建筑、风俗习惯、传统氛围都保存较好，村域范围基本维持原样的村落。

中国历史文化名村是经过多部门按照等级严格的认定标准进行筛选、评出村落，是指那些具有代表性、重大历史研究及考古意义，且承载了非物质文化遗产的村落[3]。

历史文化名村与古村落相比，评选标准相对固定。各级历史文化名村都具有官方性质的认定机构，界定更加明确，更注重考察村落的文物等级。例如，中国历史文化名村便是由住房城乡建设部与国家文物局共同组织评选的。2005 年公布了第一批中国历史文化名村（表 1-1），截至 2014 年已经确定了六批，共 276 个村落，其中江南地区有 12 个。

表 1-1　中国历史文化名村和传统村落数量与批次

名称	批次（公布时间）	全国范围内数量（个）	江南范围数量（个）	评定单位
中国历史文化名村	第一批（2003 年 10 月）	12	0	住房城乡建设部、国家文物局
	第二批（2005 年 9 月）	24	0	
	第三批（2007 年 6 月）	36	3	
	第四批（2008 年 12 月）	36	0	
	第五批（2010 年 12 月）	61	2	
	第六批（2014 年 2 月）	107	7	
	合计	276	12	
传统村落	第一批（2012 年 12 月）	646	6	住房城乡建设部、文化部、财政部
	第二批（2013 年 8 月）	915	12	
	第三批（2014 年 11 月）	994	13	
	第四批（2016 年 12 月）	1598	22	
	合计	4153	53	

注：根据住房城乡建设部"中国历史文化名镇（村）"和"中国传统村落名录的村落名单"整理；文化部现为文化和旅游部。

---

〔1〕 朱晓明. 试论古村落的评价标准 [J]. 古建园林技术，2001 (4)：53-55.

〔2〕 刘沛林. 古村落：和谐的人聚空间 [M]. 上海：上海三联书店，1998.

〔3〕 国务院法制办农业资源环保法制司，住房城乡建设部法规司城乡规划司. 历史文化名城名镇名村保护条例释义 [M]. 北京：知识产权出版社，2009.

二、乡村景观的概念

乡村景观是地理学持续关注的重要问题，而生态学、美学等其他学科也从不同角度对这一问题进行研究。其中，金其铭等在《乡村地理学》中将"乡村景观"定义为：在乡村地区具有一致的自然地理基础，利用程度和发展过程相似，形态结构及功能相似，各组成要素相互联系、调和统一的复合体[1]。王云才在《现代乡村景观旅游规划设计》中指出，乡村景观是区别于城市景观的具有独特优势的农业文化景观，是农民进行农业生产劳动集聚地的景观，是由社会、经济、文化、地理等多方面构成的综合性景观[2]。吴必虎则指出，土壤、河流等自然景观与当地居民的生活、生产活动共同形成了当地村落的乡村景观，乡村景观是人文景观与自然景观的统一。从环境资源角度，刘滨谊认为，乡村景观是重要的综合资源，具有多重价值属性。不同学科研究视角的差异，丰富了对乡村景观的认识。以地理学视角解析乡村景观的概念，重点明确乡村景观的地理范畴；以景观学视角分析乡村景观的概念，重点强调乡村景观独特的自然景观和观赏价值；以生态学视角解析乡村景观的概念，重点分析乡村景观的自然因素；以社会学视角解析乡村景观的概念，重点突出了乡村景观的人文、社会和经济因素等。因此，结合多学科、多视角的分析，有助于全面准确地认识乡村景观。

三、传统村落原生性景观的概念

目前，学术界还没有"原生性景观"这一名词的权威界定。"百度词条"中对"原生"的解释是："初始的，未经修饰的，最初的，第一次出现且未经任何外力、内力改变的个体。"本书认为原生性景观是指在长期历史进程中人类活动和自然环境长期互动而形成的传统村落的各类景观。传统村落原生性景观具有历史性和阶段性，其形成既受自然环境条件的制约，又受人类各类活动的影响，是自然、文化、经济、社会、人口等诸因素在传统村落的综合表现。

第二节　传统村落原生性景观保护存在的问题及根源分析

梁漱溟在其著作《乡村建设理论》中从政治属性、经济属性和文化属性三个方面区分历史上传统村落遭到破坏的原因，其中"政治属性破坏力"包括"兵患匪乱、苛捐杂税"等，"经济属性破坏力"包括"外来经济侵略"等，"文化属性破坏力"包括"制度、思想的改变"等，而且这三种属性的破坏力有时会叠加，从而加剧破坏程度。基于这三种属性的破坏，传统村落原生性景观保护主要存在原生性景观特质弱化和功能性衰退两大问题。

---

〔1〕 金其铭，董昕，张小林. 乡村地理学 [M]. 南京：江苏教育出版社，1990.
〔2〕 王云才. 现代乡村景观旅游规划设计 [M]. 青岛：青岛出版社，2003.

一、原生性景观特质弱化

（一）聚落过度集中

自发生长演化的传统村落，在因地制宜、自发生长的空间组织逻辑下，演化成"大分散、小集中"的原生性景观形态（图1-1）。这种原生性景观特质形态是传统村落自然风景属性的重要体现，符合传统村落整体形象的特质，往往更易诱发大众对美好传统村落的构想。虽然这种景观特质不符合土地利用的集中有效原则，与现代社会经济高效发展趋势相悖，但这恰恰是原生性景观最富魅力的表现。根据土地集约利用原则，当前主流传统村落景观规划容易形成过度集中的空间原生性景观特质（图1-2），这种原生性景观特质虽然提高了土地利用率，但破坏了人工环境与自然环境之间的有机交融关系，使得空间格局过于单调机械，造成景观特质的空洞无味。

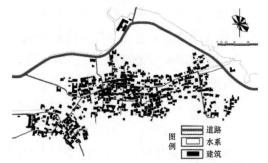
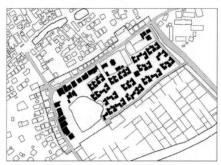

图1-1 自发生长演化的村落空间格局　　　　图1-2 主流规划模式下的村落空间格局

（二）尺度过大、可识别性较低

传统村落空间格局是以人的需求为本不断发展起来的，多以人的便利、舒适为准则。伴随社会的发展变迁，生产生活方式不断发生改变，但基本是在小范围内的适应性修正。其景观特质形态调整仍基于"人的尺度和需求"。

当前一些传统村落景观规划，采用城市规划模式，尤为反映在空间尺度标准上，在农业生产、邻里交往为主的传统村落生产生活模式中，其规划的空间尺度过大，缺乏人性关怀，给人生硬的陌生感和疏离感。就精神层面而言，人们具有在社会中寻求自我价值的诉求，在环境方面表现为对环境的可识别认同感，其由环境的形态识别和环境的精神认同两个方面组成[1]。传统村落原生性景观中小尺度的原生性景观特质形态带给人们一种亲和力与黏合力的特性感知，即使是紧邻的两个村落，人们也可以轻易感受到两者景观特质的差异。具体而言，空间组织逻辑、尺度和原生性景观特质形态以及环境的不同，是不同地域的原生性景观形态特征的外在表现。但是，当前某些

---

〔1〕 童磊. 村落空间肌理的参数化解析与重构及其规划应用研究［D］. 杭州：浙江大学，2016.

传统村落空间的整体布局、建筑样式、院落样式等方面的同质化规划，使得其与自发生长演化的传统村落相比，可识别程度大幅降低。

（三）装饰化、程式化、趋同化

自发生长演化的传统村落，尊重自然发展和生产生活变迁规律，因地制宜，就地取材，以自我优势而自发生长，造就了质朴、自然而又丰富多样的传统村落整体景观特质。而快速城镇化趋势下，一些参照城市规划模式而实施的传统村落景观规划，造成了原生性景观形态的装饰化、程式化、趋同化（表 1-2）。

表 1-2　自发生长演化下原生性景观形态与主流规划模式下原生性景观形态的特征比较

自发生长演化下的原生性景观的形态特征		主流规划模式下原生性景观的形态特征	
形态特征	分析	形态特征	分析
质朴	建筑原生性景观特质：使用传统原生性材料、传统制作工艺建造建筑；建筑的立面原生性景观质朴简洁，色彩简单 空间原生性景观特质：依生活、生产自然演化成组织空间形态，质朴展开，没有过度修饰	装饰化	建筑原生性景观特质：使用现代材料、现代植入式的建造工艺建造建筑；材料多样，色彩丰富，装饰线条烦琐，同一形态和原生性景观特质不断重复使用 空间原生性景观特质：依设计规划组织空间形态，公共空间装饰过于复杂烦琐
自然	互动空间自然随性；与自然环境有机交融，与生活和生产空间自然融合；丰富变化的街巷空间；自由的建筑朝向	程式化	程式化的空间形态；严重隔离自然环境和生产、生活空间；街巷空间原生性景观特质机械死板
丰富多样	空间原生性景观在整体上体现为统一和谐，而在每一处节点细节上又存在着多样性，每一栋建筑、每一个空间都具有多样性	趋同化	空间原生性景观在整体上，尤其是建筑与环境之间显得不够调和，并且村落与村落之间也呈现出千村一面的同质化现象。建筑也是单调的重复，趋同化现象严重

二、原生性景观功能性衰退

原生性景观能够传达传统村落的历史文化、民俗文化、社会经济特征、当地居民的生产生活方式、环境的变迁特征等内涵因素，以其承载功能传递着不同的文化和社会属性，而当前某些原生性景观功能趋于消退且单一化。

（一）传统村落文化传承功能衰退

原生性景观是缓慢自发而成的，各传统村落具有各异的空间原生性景观特质形态，包括整体的空间布局形态、公共空间、建筑样式、院落样式，也包括道路、沟渠、农田、池塘等，其形成深受独特的历史文化、社会经济及自然环境影响。

当前，在历史文化功能方面，传统村落面临以下三方面问题。首先，人口的流失对传统村落发展形成不利影响。例如，1999—2002 年，太湖西山景区明月湾村人口没有增长，反而呈缓慢下降趋势。不少家庭已搬迁到城里居住，村中的青壮年则多外出务工，就业和收入问题是造成人口外流的最主要原因。同样，西山地区的其他村也呈现类似情况。传统村落演变成"空心村""留守村"在全国是普遍现象。人口流失加剧了村中人口结构的老龄化，造成人口比例严重失衡，严重影响了传统村落的健康发展。其次，传统村落的公共基础设施薄弱，影响了传统村落的发展和村民生活条件的改善。例如，自来水尚未普及，仍依赖井水为主要生活用水；污水、垃圾处理设施缺乏，污染严重，没有规划等；这些不仅影响村民生活质量，也破坏了传统村落景观特色。因此，公共基础设施建设是传统村落景观规划需要解决的首要功能性问题。最后，村民对传统建筑与历史遗迹的保护意识较淡薄。例如，明月湾等地将原来古路旁的明渠或暗渠填埋，并在古路上铺装水泥路。通常，村民为改善生活条件，不太会顾及自家的老宅是否为传统建筑及是否需要保护，保护意识欠缺在一定程度上破坏了传统景观。

此外，对传统村落中人文景源——传统村落文化景观关注程度不够。传统村落规划中，传统村落景观以村民住宅为主，少数传统村落虽考虑了环境保护层面的设计，但只停留在保护生态环境表面，并没有真正涉及文化传承层面，即使对有重要建筑需要进行保护规划的村落，仍有大部分没有落到实处。自然资源与人文资源相融合的文化景观特色很少被纳入，当前部分传统村落景观规划模式往往主观地在传统村落的公共空间设置带有历史文化属性的景观构筑物或者景观小品，以再现传统村落景观的历史文化。原生性景观在传递传统村落历史文化特征方面，趋于表象，浅显而集中，这在一定程度上致使景观特质的历史文化功能衰退。

（二）传统村落公共空间单一化和界限化

自发生长的原生性景观具有随着时间推移而不断演化的特征。功能空间界限模糊，甚至功能空间重合或叠加，是自发生长演化的传统村落景观空间的主要特征之一。例如，传统村落的庭院空间功能复合，不仅可以用于晒谷等生产活动，还是平时休息活动、邻里交流的重要场所。如果庭院空间有限，建筑之间的街巷空间就承担了部分庭院空间的功能。建筑之间的街巷空间包括街巷转角、村口、桥头等，除了是重要的交往空间和开放空间，还具有商业交易和交通空间的功能。因此，形态各异、边界模糊、大大小小的开放性交往空间大量散落于传统村落空间之中，这些景观空间具有复合型功能特征。

在当前一些传统村落景观规划模式中，规划者主观地将传统村落空间功能进行分区，规划得十分详尽。对传统村落各功能空间是否需要单一或独立设置，或是否有必要单独设置此项功能空间等问题研究不够，容易造成传统村落景观空间功能的单一化和界限化。例如，庭院空间仅具备观赏性，街巷空间仅作为传统村落的交通空间，且一些开放式场所空间设置的合理性和适用性不强。又如，生产、生活空间等不同空间之间有着严重割裂的界限，这些都破坏了传统村落原有景观空间的交融性与有机性。

三、问题根源分析

当前传统村落原生性景观保护存在问题，除了传统村落规划方法单一、行业制度不全等多数专家已分析的原因，根源性原因还是对于原生性景观特质认识的不足，具体包括忽略原生性景观的自组织特性、忽略原生性景观内在规律的应用价值。

（一）忽略原生性景观的自组织特性

德国哲学家伊曼努尔·康德（Immanuel Kant）将组织归纳为自组织、他组织和非组织三个层次。吴彤先生在《自组织方法论研究》中对自组织和他组织等的概念进行了界定："所谓自组织，是指没有外界的干预或指令，自行组织、自行演化，自主地从无序走向有序的系统。""他组织是指不能自行组织、自行演化，不能够自主地从无序走向有序，而依靠外界强有力的干预或特定的指令来推动组织的演化，从而从无序走向有序。"自组织与他组织体现了对立与统一的辩证关系（表1-3）。

表1-3 村落自组织演化

跃升形式	秩序性跃升 （从混沌到有序）	集聚性跃升 （从单核到聚落）	层次性跃升 （从简单到复杂）
形成的 原因	对自然山水的向往和改造的能力有限	资源禀赋的条件	商业、工业的发展
	特殊的信仰	经济活动的强度	交往的多样性和复杂性
	安全防御的需要	生产力的高低	功能的转变

乡村是典型的自组织，具有开放性、非线性、非稳定性的基本特征[1]。其中，开放性主要表现为传统村落内外部之间的各种自然与社会信息的联系、交换与影响是长期的、连续的，由于信息的频繁交互和迭代更替，整个原生性景观处于灵活应变状态，村落形态变幻多彩。而这种变化是一种复杂的融合过程，涉及传统村落建设多方面的综合，并非简单的线性叠加。

原生性景观是当地居民在漫长的传统村落建设实践中，在各种因素的综合系统作用下通过不断的修正性调整而缓慢形成的，而不是主动规划的结果。这些影响因素是多体系、多层次的，涉及政治、经济、文化、历史、环境、民族、民俗，也可能涉及宗教、战争。这些因素形成了一个极为错综复杂的原生性景观特质形成动因，作为自组织，传统村落的演化生长在这一动因作用下有序更新，并缓慢形成功能健全、布局合理、内涵丰富的原生性景观。

李绍燕认为，城市在自组织发展进程中，也并非一开始便形成一个预定系统规划的愿景目标，它是根据社会发展的需要而不断开发建设、管理经营和缓慢"自愈"的，即使存在外部环境的干预影响，仍能够凭借自身的适应性和调整性而"自愈"，逐步恢

---

〔1〕 陈喆，周涵滔. 基于自组织理论的传统村落更新与新民居建设研究 [J]. 建筑学报，2012（4）：109-114.

复城市的有序状态[1]。城市自组织的演化生长具有许多独特的内在属性，这也适用于传统村落。

相比之下，干预作用下的人为规划的特征是外显的、自上而下的、快速的、控制性的，其与自组织演化的区别见表1-4。忽略自组织理论及传统村落的自组织特性，简单地施加人为干预，自然容易造成传统村落景观规划的许多问题，也必然带来原生性景观形态和功能方面的问题。

表1-4　城市自组织演化与人为规划的特性对比

	内在特性	外在表现	驱动力	发展速度	状态持续
自组织演化	自发性	内隐性	自下而上性	缓慢性	永久性
人为规划	干预性	外显性	自上而下性	快速性	控制性

（二）忽略原生性景观内在规律的应用价值

虽然一些学者和规划设计师对原生性景观特质进行了分析与研究，并希望将研究成果应用于当今传统村落景观规划实践，但效果并不理想，这主要是由于缺乏对原生性景观内在规律的应用。

一方面，个体多从自身主观经验的角度出发，对原生性景观的传统特征和内在规律进行解读，没有可参考的标准和成熟的规范。对原生性景观内在规律的理解和把握，完全看设计师的主观判断，不同设计师会有不同的理解，会形成不同的规划。一旦设计师的理解不到位，"以人为本""因地制宜"等规划理念或规划导则，在传统村落景观规划实践操作中就难以付诸实施，从而无法系统科学地指导传统村落景观规划实践。由于原生性景观规律的不确定性、随机性和低操作性等特点，规划设计师难以或者不愿深入探究其内在规律，更不会深挖其于传统村落景观规划实践中的应用价值。

另一方面，虽然有关原生性景观特质量化研究的成果不少，但这些研究成果大多停留在学术研究层面，其研究结论与传统村落景观规划实践之间的关系，以及其应用方法和需注意事项等方面尚缺乏定量分析，从而难以为原生性景观内在规律应用提供依据。

有鉴于此，本书尝试系统性地保护传统村落原生性景观特质，寻找科学合理的方法重塑传统文化景观的支撑系统，促进传统村落的健康和可持续发展。

第三节　传统村落原生性景观研究的理论与方法

传统村落原生性景观特质研究是一项综合性的研究工作，既要对原生性景观的类型、布局及结构等进行分析，又要对原生性景观的形成、时空变化、发展规律等进行

---

〔1〕 李绍燕. 自组织理论下城市风貌规划优化研究［D］. 天津：天津大学，2013.

研究，故对原生性景观的研究应建立在多学科分析的基础上。为全面地在已取得的研究成果或研究文献基础上进行"再研究"，必须对各学科的相关成果进行系统梳理，这涉及乡村地理学、景观生态学、城乡规划学等学科对原生性景观的研究。

一、基本理论

（一）乡村地理学

乡村地理学是人文地理学的一门分支，是最早研究乡村景观的学科之一。早在 20 世纪初，法国和德国的一些学者就已经开始研究乡村景观，主要研究内容包括乡村道路、土地利用形态、农舍聚落及农业活动对乡村景观形成的影响[1]。20 世纪 70 年代，英国人文地理家迈克尔·伍兹（Michael Woods）编写了《乡村地理学：乡村重构的过程、反应和经验》和《乡村地理学的发展》，明确地将乡村景观纳入村落地理学研究中，对乡村地理学的研究方法、研究对象等进行了论述。美国地理学家卡尔·苏尔（Carl Ortwin Sauer）对景观的历史地理学和文化地理学的研究方法做了详尽的论述，否定了地理学界曾经盛行的环境决定论，重点论述了文化景观是由人类文化作用于对大地表面上的塑造而形成的，提出了从历史地理学视角开展文化景观研究的基本框架。

我国的乡村地理学研究始自 20 世纪 30 年代，起步较晚，主要关注基础理论、乡村景观、乡村经济、乡村聚落等方面内容[2]。刘沛林通过引入生物学的基因概念，挖掘传统聚落景观基因及其图谱，将中国传统聚落景观划分为大尺度的景观大区、景观区、景观亚区三类，从平面和立面两个形态结构去研究中国传统聚落[3]。王思远等人利用遥感和 GIS 技术，引入景观多样性、均匀性等多种参考指数，同时运用土地利用重心迁移、景观类型转移等模型，研究分析 1990—2000 年土地利用空间格局演变[4]；汤国安等人运用 GIS 技术研究了榆林地区乡村聚落空间分布规律[5]；刘之浩和金其铭运用定性与定量相结合的方法，对乡村文化景观进行了划分[6]。

（二）景观生态学

早在 20 世纪 30 年代，德国地理学家就把景观概念引入生态学。1939 年，著名的植物学家特罗尔（C. Troll），第一次提出了"景观生态学"。他通过航拍技术研究东非土地利用问题，提出景观远超出人类视觉范围，是一个更广阔的空间总体，更是所在

---

　〔1〕　林亚真，孙胤社. 论乡村地理学的开创与发展 [J]. 首都师范大学学报（自然科学版），1988（4）：61-66.

　〔2〕　周心琴，张小林.1990 年以来中国乡村地理学研究进展 [J]. 人文地理，2005，20（5）：8-12.

　〔3〕　刘沛林. 中国传统聚落景观基因图谱的构建与应用研究 [D]. 北京：北京大学，2011.

　〔4〕　王思远，刘纪远，张增祥，等. 近 10 年中国土地利用格局及其演变 [J]. 地理学报，2002，57（5）：523-530.

　〔5〕　汤国安，赵牡丹. 基于 GIS 的乡村聚落空间分布规律研究：以陕北榆林地区为例 [J]. 经济地理，2000，20（5）：1-4.

　〔6〕　刘之浩，金其铭. 试论乡村文化景观的类型及其演化 [J]. 南京师范大学学报（自然科学版），1999，22（4）：120-123.

地域地圈、生物圈和智慧圈的综合体。

景观生态学是把自然科学和人文科学联系起来的交叉学科，主要研究景观和生态间的关系。肖笃宁和李秀珍认为，景观生态体系的空间联系是景观生态学的主要研究内容，其中空间结构与生态过程的相互作用是研究的重点。

我国从 20 世纪 80 年代开始在国外研究成果基础上展开景观生态学研究。在理论研究方面，王云才认为，景观生态学形成于生物学的生态理论与地理学的景观理论的交叉研究中[1]。与乡村景观密切相关的主要成果集中在：乡村文化景观方面，美国景观生态分析方法首次被曹宇、肖笃宁和赵弈等引入我国，并在景观空间格局指标方面有大量创新见解[2]，俞孔坚对景观安全格局进行了研究，傅伯杰、王仰麟等的研究集中于华北地区农业景观和黄土高原地区；乡村景观评价方面，肖笃宁、钟林生从独特性、功效性、多样性、宜人性和美学价值等方面对景观进行生态评价[3]，刘滨谊与王云才把乡村景观评价体系分为 5 个层次 21 个指标[4]，谢花林与刘黎明等采用 3 个层次31 个指标构建评价体系[5]；乡村景观规划方面，包志毅等论述了"自上而下"与"自下而上"相结合的乡村景观生态规划模式以及"集中与分散相结合的生态网络"[6]。

（三）城乡规划学

城乡规划学中与肌理相关的研究主要集中在城市形态学、建筑学。

在近 100 年的发展历程中，国外城市形态学理论融合了不同学科理论和研究方法，形成了不同的城市形态学派。国内城市形态研究始于 20 世纪 30 年代，直到 20 世纪 80年代，我国的城市形态研究才受到广大研究人员的普遍关注，并取得了巨大进展。国内城市形态研究大致分为三类：一是以城市或者某一区域为对象展开的实证实地研究，例如，东北师范大学邻艳丽所编著的《东北地区城市空间形态研究》，研究分析了城市形态的演变过程[7]。二是城市形态理论研究，如齐康的《城市环境规划设计与方法》系统介绍了城市形态研究理论[8]；段进的《城市空间发展论》将经济规划、社会规划及城市规划的相关理论综合，对城市空间的深层结构、外部形态、宏观结构及微观形态进行了深入探讨[9]。三是城市形态分析方法论研究，包括空间句法、分形方法、系统动力学方法等，如段进与比尔·希列尔合著的《空间研究 3：空间句法与城市规

〔1〕 王云才. 现代乡村景观旅游规划设计 [M]. 青岛：青岛出版社，2003.

〔2〕 曹宇，肖笃宁，赵弈，等. 近十年来中国景观生态学文献分析 [J]. 应用生态学报，2001，12（3）：74-77.

〔3〕 肖笃宁，钟林生. 景观分类与评价的生态原则 [J]. 应用生态学报，1998，9（2）：217-221.

〔4〕 刘滨谊，王云才. 论中国乡村景观评价的理论基础与指标体系 [J]. 中国园林，2002（5）：76-79.

〔5〕 谢花林，刘黎明，赵英伟. 乡村景观评价指标体系与评价方法研究 [J]. 农业现代化研究，2003，24（2）：95-98.

〔6〕 包志毅，陈波. 乡村可持续性土地利用景观生态规划的几种模式 [J]. 浙江大学学报（农业与生命科学版），2004，30（1）：57-62.

〔7〕 邻艳丽. 东北地区城市空间形态研究 [D]. 长春：东北师范大学，2004.

〔8〕 齐康. 城市环境规划设计与方法 [M]. 北京：中国建筑工业出版社，1997.

〔9〕 段进. 城市空间发展论 [M]. 南京：江苏科学技术出版社，1999.

划》，以苏州商业中心、南京红花机场、嘉兴城市中心和天津市城市形态为案例，运用空间句法的理论来探讨城市发展的规律[1]。

阮仪三对江南地区历史文化名镇、名村的保护进行了长期深入研究，在著作《江南古镇：历史建筑与历史环境的保护》中，对江南水乡城镇布局特征、街巷特点和建筑特点等进行系统分析，总结了江南水乡城镇历史建筑的保护修缮技术和历史街区的保护整治技术；在著作《中国江南水乡古镇》中，分析了江南水乡古镇的特点，并论述了江南水乡古镇的保护与实效[2]。段进等出版的专著《城镇空间解析：太湖流域古镇空间结构与形态》运用结构主义三种数学原型解析了太湖流域古镇空间结构，并对太湖流域古镇形态进行了深入研究，揭示了古镇传统聚落空间形态的相似性、复合性、标识性等特征[3]。揭鸣浩在《世界文化遗产宏村古村落空间解析》中对西递和宏村等徽派古村落的空间形态进行了深入研究[4]。周若祁在《绿色建筑体系与黄土高原基本聚居模式》中对黄土高原乡村聚落模式进行了深入的剖析[5]。刘滨谊等从景观旅游角度研究乡土建筑，认为乡土景观是一个综合景观，从中可发现美学、娱乐、效用及生态价值，对其合理开发，既能促进当地旅游业的发展，又可以保护乡土景观[6]。

（四）小结

综上所述，乡村景观是乡村地理学、景观生态学以及城乡规划学等学科的重要研究对象之一，已在相关方面取得了一定研究成果。风景园林学科作为新兴的一级学科，积极参与对历史文化村镇和传统乡村景观的保护及可持续利用的探索，乡村景观是其主要研究对象之一，可以充分借鉴和融合上述三个学科的研究理论。

一是乡村地理学科方面。作为最早研究乡村景观的学科之一，乡村地理学是乡村景观研究的重要的基础理论之一，包括乡村景观内涵的界定、景观分类的研究、景观演变的分析及 GIS 技术在乡村景观空间研究过程中的应用等，是本书开展研究的重要参考。特别是卡尔·苏尔从地理学视角开展文化景观研究的思路，即乡村景观是由自然和人文两大系统相互作用而形成的，是本书重要的理论基础。

二是景观生态学科方面。景观生态学的主要研究内容之一是景观空间结构与生态过程的相互作用。本书研究乡村景观重要内容之一就是原生性景观要素、单元间的相互作用和结构，这种景观结构当然是在景观生态背景之上的，因此，景观生态学关于景观生态系统的空间联系的研究成果，是本书开展研究的重要基础。

三是城乡规划学科方面。乡村聚落景观是乡村景观的重要组成部分，本书中的传

〔1〕段进. 空间句法与城市规划［M］. 南京：东南大学出版社，2007.

〔2〕阮仪三. 中国江南水乡古镇［M］. 杭州：浙江摄影出版社，2004.

〔3〕段进，季松，王海宁. 城镇空间解析：太湖流域古镇空间结构与形态［M］. 北京：中国建筑工业出版社，2002.

〔4〕揭鸣浩. 世界文化遗产宏村古村落空间解析［D］. 南京：东南大学，2006.

〔5〕周若祁. 绿色建筑体系与黄土高原基本聚居模式［M］. 北京：中国建筑工业出版社，2007.

〔6〕刘滨谊，王云才. 论中国乡村景观评价的理论基础与指标体系［J］. 中国园林，2002，18（5）：76-79.

统村落聚落主要是指传统村落建筑群。因此，城乡规划学在村镇空间及聚落方面取得的丰硕理论研究成果，是乡村景观研究的重要理论基础。此外，城乡规划学科理论中关于街道界面的研究成果，可以借鉴于乡村街巷肌理的研究。

当然，在借鉴上述学科理论过程中，也应注意以下两个问题：

一是景观生态学科理论应用到风景园林学科的局限性。景观生态学本质上是一个更适合于大尺度空间分析和研究的理论与方法，而风景园林学科更需要适合中小尺度空间分析的理论与方法。这种错位决定了风景园林学科应用景观生态学科理论与方法无法实现对景观空间生态特性的有效表达。因此，传统村落原生性景观研究必须探索能在中小尺度景观空间中运用的理论和方法，本书的研究就是要在这方面有所突破。

二是城乡规划学科理论应用到风景园林学科的局限性。城乡规划学及建筑学的主要研究对象是建筑及聚落，对于自然环境等考虑较少，而风景园林学科更强调自然环境和人文环境的关系。这种错位决定了风景园林学应用城乡规划学科理论与方法无法实现对自然环境与人文环境关系的有效表达。因此，传统村落原生性景观研究不能只研究乡村聚落，还要充分研究聚落与山水等环境肌理要素的空间关系，本书重要研究内容之一就是分析这一关系。

此外，我国还没有以传统村落原生性景观为独立研究对象进行系统深入研究的成果，仅有部分硕士学位论文以村庄肌理、聚落肌理等为研究对象，对相关肌理的构成要素、布局模式、结构系统特点和演化过程等问题进行研究。与之相近的研究成果主要以村落形态为研究对象。例如，《传统村镇聚落景观分析》一书对村落形态影响因素方面做了全面而系统的阐述，探讨了宗法伦理道德观念、血缘关系、宗教信仰、风水观念、交往习俗五个因素对传统村镇聚落形态的影响[1]。总体来看，传统村落原生性景观研究尚处于零散、起步的阶段，亟需进行系统、全面、深入的研究。

二、应用理论与技术方法

传统村落原生性景观包含了人文的建筑要素及其周边的自然环境要素，原生性景观要素的丰富性和差异性导致单一的研究方法不再适用。要全面深入地研究原生性景观特质，必须分层次、分类别地选用适合的技术方法，而数学研究领域的分形理论及地理信息研究领域的空间分析技术等，都可以应用于原生性景观研究。因此，廓清相关应用理论及技术的来龙去脉，进行分类综述，是应用的前提。

（一）GIS技术

GIS技术在地理信息收集和处理方面的优势，极大地提升了空间分析能力。目前，在城市空间分析方面，GIS技术已获得广泛应用，成效显著。邱枫运用GIS工具，通

---

〔1〕 彭一刚. 传统村镇聚落景观分析 [M]. 北京：中国建筑工业出版社，1992.

过对宁波老城原生性景观特质特征及指标的运算和分析，将老城景观形态要素信息与 GIS 空间数据对应起来，获得对其现状的认知[1]。胡明星等选择历史文化名城和历史街区的典型案例，利用 GIS 技术对其现状进行调查、编制保护规划方法，建立历史文化名城空间数据库和多因素价值评定方法[2]。

村落规划领域也广泛应用 GIS 技术。著名景观规划师菲利普·路易斯 (Philip. H. Lewis) 利用 GIS 的线、面要素转化和叠加功能来分析环境廊道，之后许多学者利用 GIS 来指导传统村落的景观规划。早在 19 世纪，一些国家已经开始了对乡村景观的研究。例如，1841 年，德国地理学家 Kohl 开始对城市的建筑形态以及乡村建筑形态的差异进行研究[3]；1895 年，德国学者 Meiten 对德国北部一些乡村聚落的自然景观和人文景观进行了研究，将乡村的聚落景观风貌、建筑样式、风土人情归类总结，对影响聚落景观的因素进行了分析，这一研究成果为以后的聚落景观研究打下了坚实基础[4]。20 世纪，乡村聚落地理系统的研究开始步入初级发展阶段，聚落地理科学成为一门独立的学科，随后对村落景观的研究大多是以聚落地理学为基础展开的。国外重视交叉研究（多学科知识运用）在村落景观研究中的应用，通过采用演绎分析和系统分析等研究方法，同时还使用了 GIS 以及数学模型对数据进行分析，极大地提高了研究的准确性和直观性。国内目前也越来越注重对村落景观的交叉研究，将 GIS 技术和相关的数学模型结合，以期得到更加客观的分析结果。其中，针对当前村落保护规划中缺乏应对大规模且快速精准的信息分析的工具问题，蔡建提出将 GIS 技术引入村落空间分析中，并探讨了 GIS 技术在村落空间化解析和规划设计中的应用路径[5]。汪兴毅等通过 GIS 空间分析工具对传统村落的分布进行了研究，并从自然环境、社会经济以及传统文化等方面，探讨其形成的主导影响因素[6]；孙莹等以客家传统村落为研究主体，以梅州地区为研究范围，构建梅州客家传统村落空间分布数据库。借助 GIS 空间分析方法，以唐代之前、宋元时期及明清时期为时间节点，孙莹等分析了传统村落景观的空间分布演变格局，探讨了其内在的影响机制和演变规律，为合理规划现代村落景观提供了一定参考[7]。就技术手段而言，GIS 技术目前主要应用于规划管理层面，在大尺度村落宏观研究中的技术优势尚未得到发挥；建筑学对村落空间分析过于强调建筑，而其他景观要素和建筑之间的关系分析常被忽略，纵贯多学科与跨越多尺

〔1〕 邱枫．基于 GIS 的宁波城市肌理研究 [D]．上海：同济大学，2006.

〔2〕 胡明星，金超．基于 GIS 的历史文化名城保护体系应用研究 [M]．南京：东南大学出版社，2012.

〔3〕 王婷，周国华，杨延．衡阳南岳区农村居民点用地合理布局分析 [J]．地理科学进展，2008，27（6）：25-31.

〔4〕 HANSEN A J，BROWN D G. Land-use change in rural America: Rates, drivers, and consequences [J]. Ecological Applications，2005，15（6）：1849-1850.

〔5〕 蔡建．GIS 技术在古村落保护规划中的应用 [J]．建材与装饰旬刊，2007（9X）：19-21.

〔6〕 汪兴毅，管欣，丁晶晶．安徽省传统村落空间分布特征及解析 [J]．安徽农业大学学报（社会科学版），2017，26（2）：19-25.

〔7〕 孙莹，王玉顺，肖大威，等．基于 GIS 的梅州客家传统村落空间分布演变研究 [J]．经济地理，2016，36（10）：193-200.

度的交叉融合研究依然较少。

（二）图式语言

图式是心理学中认知发展理论的重要概念。瑞士著名心理学家让·皮亚杰（Jean Piaget）提出图式可作为经验到概念的媒介，是主体内部可进行变化的认知架构。让·皮亚杰还提出图式在人经历外在刺激之前就存在于脑，人类受到外界环境的刺激之后，脑中的图式会把所受刺激进行同化，所有接收的杂乱无章的信息会变得井井有条，新的图式也会被构建起来。

日本学者原广司认为，"我们通过语言、逻辑学式记号来进行思考活动，这是一个不争的事实。但同时，我们还会借助熟悉的图示，以及人们共享的某些场景来进行思考判断。这种状态众人皆知，但它却并未建立一个逻辑体系。如果要对这部分内容予以逻辑化，那么记号这个概念可能就有它的用武之地了。如此，若我们对记号做一认知，那么空间图式就是记号的一种理想存在状态。"[1]

宾夕法尼亚大学的景观规划设计教授安妮·维斯顿·斯派恩（Anne Whiston Spirn），提出了"景观的语言"概念。景观是语言这一判断，是在持续的景观规划设计过程中得出的。景观的语言拥有自己的理论，它由景观词汇、景观要素的空间组织秩序等五部分组成。第一部分是景观词汇，景观与人类生活的联系就是通过景观语言实现的，景观词汇是由"字"（要素）、"词"（空间单位）、"词组"（空间组合）一起构成的；第二部分是景观要素的空间组织秩序，通常景观组织并不调和，没有秩序就会出现多种问题，多种秩序也会造成景观与景观之间的矛盾；第三部分是构建多种联系的景观环境；第四部分是描述上下文标准的景观语法；第五部分是涉及辩证法的景观语言的相关运用。

国内研究景观图式语言的专家王云才认为，图式语言是通过图形进行表述的语言方式。景观生态化设计的图式语言的表述形式即为图式，即依据景观生态过程，建立由要素、空间单元以及组合等耦合方式得到的拥有秩序、语法以及意义的语言体系[2]。在传统文化景观空间研究过程中，图式理论可以运用于以下四个重要领域。一是归纳景观空间研究对象的一般特点。景观图式的呈现是通过认知结构的外部景观不断重组而实现的；其一，风景园林相关专业人员的景观空间认知是比较接近的，其二，多种相似度较高的景观空间可以组建成传统的景观图式，基于相近的基础知识架构，风景园林学科研究交流更加便捷，同时也具有较高的概括性。二是图式体系的尺度多、弹性大，在此前提下的景观空间研究可以适应于多种尺度标准，其间的转化与对接也较容易实现。正是由于图式认知架构的尺度以及系统，系统中的每个部分才会与景观空间一一对应，不同尺度之间可以进行相互关联，实现信息有效储存。三是图式体系拥有完善的自我调整机制，所以利用图式得到的景观空间免疫于外界动态机制的扰乱。

〔1〕 原广司. 空间——从功能到形态［M］. 南京：江苏凤凰科学技术出版社，2017.

〔2〕 王云才，韩丽莹，徐进. 水体生境设计的图式语言及应用［J］. 中国园林，2012（11）：56-61.

景观图式的构成包括静态和动态两方面，其中动态部分可根据外部环境的改变不断更新直到最后消亡以最终变成景观空间的特征，所以景观图式可以又快又好地应对外部环境改变，维持整体结构的稳定状态。四是景观图式探索的结果不仅是简单的一种模式、一个图形或两者的组合，还涵盖了景观图式的构成、要素种类等。相比之下，传统景观模式比较死板，模式转换方式不够灵活，不能较好地适应对象，仅表述了不同尺度之间的关系，在实际运用过程中难以实施。因此，运用景观图式有利于整合景观模式以及信息。

（三）分形学

分形理论也是逐渐被应用于景观研究领域的。1988 年米尔恩（Milne）首先运用分形理论研究旅游景观空间结构，他认为将传统分析方法与分形方法相结合，可以优化景观布局设计，提升景观审美价值[1]。之后，分形理论不断发展，并被广泛运用于旅游景观特征分析[2]和景观形成机制[3]研究等方面。

当前，分形理论运用于城镇体系研究领域，特别是对城镇内外部结构与关系的分析已比较成熟。一些学者开始运用分形理论研究分析旅游景区（点）空间结构。例如，段冰研究构建了旅游中心地规模与空间结构的分形模型，并以河南省为例进行了实证研究[4]。黄泰、保继刚等运用分形理论研究分析苏州市区游憩场点，发现其空间结构呈现核心松散—外围紧致的结构变化[5]。刘学荣运用分形理论研究分析黑龙江省旅游景区空间结构的聚集度和关联度[6]。张云运用分形理论研究分析了重庆市温泉旅游地空间结构[7]。陈建设等运用分形理论研究了湖南省旅游中心地规模和空间结构[8]。杨国良等研究论证了四川省旅游系统结构的分形特征[9]。

此外，传统村落空间形态方面也用到了分形理论研究。例如，王双双运用分形学说中的"计盒维数""尺度层级"等定量方法分析了闽南地区古民居的空间形态[10]。王辰晨运用分形理论，使用"计盒维法"以及"分形维数值"方法对徽州传统民居进行

〔1〕 MILNE B T. Measuring the fractal geometry of landscapes [J]. Applied Mathematics & Computation, 1988, 27 (1): 67-79.

〔2〕 BÖLVIKEN B, STOKKE P R, FEDER J, et al. The fractal nature of geochemical landscapes [J]. Journal of Geochemical Exploration, 1992, 43 (2): 91-109.

〔3〕 THOMAS I, FRANKHAUSER P, BIERNACKI C. The morphology of built-up landscapes in Wallonia (Belgium): A classification using fractal indices [J]. Landscape & Urban Planning, 2008, 84 (2): 99-115.

〔4〕 段冰. 河南省旅游中心地规模与空间结构的分形研究 [J]. 地域研究与开发, 2014, 33 (4): 101-104.

〔5〕 黄泰, 保继刚, 刘艳艳, 等. 城市游憩场点系统结构分形及优化——以苏州市区为例 [J]. 地理研究, 2010, 29 (1): 79-92.

〔6〕 刘学荣. 基于分形理论的黑龙江省旅游景区空间结构演化研究 [D]. 长春: 东北师范大学, 2015.

〔7〕 张云. 基于分形理论的重庆市温泉旅游地空间结构研究 [D]. 重庆: 西南大学, 2014.

〔8〕 陈建设, 朱翔, 徐美. 基于分形理论的区域旅游中心地规模与空间结构研究——以湖南省为例 [J]. 旅游学刊, 2012, 27 (9): 34-39.

〔9〕 杨国良, 张捷, 艾南山, 等. 旅游系统空间结构及旅游经济联系——以四川省为例 [J]. 兰州大学学报（自科版）, 2007, 43 (4): 24-30.

〔10〕 王双双. 闽南传统聚落空间形态的分形理论量化解析 [D]. 上海: 华东理工大学, 2015.

了深入研究[1]。目前，运用分形理论专门进行原生性景观研究的并不多见，运用分形理论研究城镇体系、景区和传统村落空间形态，特别是研究城镇体系、景区和传统村落空间结构的分形方法，对分形理论应用于原生性景观的探究具有重要借鉴价值。

（四）街道形态定量分析方法

街巷界面密度是量化街巷步行体验的重要指标之一。对街道界面在水平维度上密集程度的研究，多采用定性分析方法。而卡米洛·西特（Camillo Sitte）、佰纳德·鲁道夫斯基（Bernard Rudofsky）、尤里斯蒂安·诺佰格-舒尔茨（Christian Norberg-Schulz）、芦原义信、阿兰·B. 雅各布斯（A. B. Jacobs）在内的专家学者均发现，街道空间的形成与沿街建筑界面的围合有着紧密的联系。《伟大的街道》[2]中提到，对于街道边界的限制，必须考虑沿着街道建筑之间的距离这一重要因素，虽然还不能确定最佳的间隔数目以及比例，但比较紧凑的建筑通常比稀疏的建筑更能带来明确的街道空间限定感。阿兰·B. 雅各布斯做过一个试验，他在97个城市中分别选择2.59平方千米地域获取原生性景观特质，当选择比较低的解析度（比例1：12000）时，街道城区平面分布可较好地表现出来。在97个城市之中，威尼斯拥有约1500个街道交叉口，数量远大于其他城市，这为解释其较高的可步行性提供了依据。根据实测数据，街道交叉口的数量与步行体验丰富感受呈正相关，和交叉口与另一个交叉口的距离呈负相关[3]。

在定量分析街道界面密集程度过程中，主要运用的是"界面密度"参数指标。石峰在其学位论文中，运用了界面密度参数指标对街道界面进行了定量分析研究，并将界面密度界定为街道一边的建筑（也可以是围栏等）面宽的投影总和与街道长度之间的比例[4]。本书基本认同这一界定，认为界面密度是指街道一侧的建筑物沿着街道的投影面宽度和此段道路长度的比例。

街巷界面贴线率主要用于表示街道界面在水平维度上的凹凸变化，源自美国的"街道墙（streetwall）"的概念。这一概念由美国建筑师威廉·阿特金森（William Atkinson）最先提出，并出现在纽约1916年实行的新分区法中，随后，这一概念在美国得到非常广泛的运用，逐渐成为宜居城市的重要构成要素[5]。

美国SOM设计公司于1998年提出了深圳市中心区22、22-1街坊设计方案，获得了业内一致好评。深圳有关部门认为这项方案是非常难得的城市设计实施范例，他们不再觉得城市设计是一个非常复杂的过程，并全面地学习了城市设计的相关知识[6]。在这一设计方案中，街道墙的概念得到了运用，对街道界面进行了很好的控制。具体

〔1〕 王辰晨. 基于分形理论的徽州传统民居空间形态研究［D］. 合肥：合肥工业大学，2013.
〔2〕 阿兰·B. 雅各布斯. 伟大的街道［M］. 北京：中国建筑工业出版社，2009.
〔3〕 李怀敏. 从"威尼斯步行"到"一平方英里地图"——对城市公共空间网络可步行性的探讨［J］. 规划师，2007，23（4）：21-26.
〔4〕 石峰. 度尺构形——对街道空间尺度的研究［D］. 上海：上海交通大学，2005.
〔5〕 金广君. 城市街道墙探析［J］. 城市规划，1991（5）：47-52.
〔6〕 李明. 深圳市中心区22、23-1街坊城市设计及建筑设计［M］. 北京：中国建筑工业出版社，2002.

做法是在重要的主干道和广场规定街道墙位置，附近建筑必须沿着街道修造，保持界面整齐，避免杂乱无章。首次提出贴线率概念的《深圳市罗湖区分区规划（1998—2010）》方案，第二十三条明确指出，在日常生活的道路上，可以通过建筑的修造，不断地强化界面的连接性，以创造更加便捷的活动区域；对于主干道等交通要道，通常采取的是弱质连续的界面，以创造出更加有感觉和变化的连接性街道空间；对于兼具生活和交通功能的街道，不仅要考虑车行观赏需求，同时还要照顾行人的需求，不仅需要街道的围合感，还需要创造景色优美、高低有致的天际线[1]。由此可知，贴线率和界面密度是能够量化街道变化程度的两个指标，虽然是城市规划中的概念，但相同的量化方法也可以借鉴运用于传统村落街巷原生性景观特质的研究中，通过量化传统街巷的变化程度，得到一些量化的数值，可为传统村落景观规划提供具体参考。因此，以上的研究成果对传统村落街巷的定量分析具有重要的借鉴意义。

（五）聚落形态定量分析方法

一是用简单的参数对村落空间原生性景观特质的特征进行定量分析。林晓蓉等在研究村落空间形态的过程中，主要采用街巷宽度、街巷尺度长宽比、建筑后退溪界面尺度等进行定量分析[2]。张杰在研究山西梁村、河北英谈等村落选址、宏观尺度和视域特征过程中，运用了网格尺度、轴线与村落参照物的夹角等参数进行了定量分析[3]。叶巍在对余姚地区新农村空间形态特征的研究过程中，运用院落和建筑的面积、进深、面宽等参数进行定量分析[4]。丁沃沃等在研究苏南村落形态的过程中，通过统计交叉口数量及其与道路数量的比例，对村落空间进行定量分析[5]。温天蓉等在研究衢州典型村落形态的过程中，运用道路路网和交叉口的密度、平均地块和建筑基底面积等参数对村落形态进行了定量分析[6]。

二是用比较复杂的数学模型分析聚落空间形态原生性景观特质。王昀对聚落空间进行定量分析，通过调研大量聚落的空间形态，提出了聚落配置的数学模型，并将分析结果与其他村落进行比较。但其提出的数学模型及分析方法都停留在纯理论研究，没有与实践紧密结合，实际指导价值不足，难以被广泛接受并推广运用[7]。浦欣成以乡村建筑单体平面外轮廓为基本单元构成聚落总平面图，基于图底关系将聚落平面形态解析为边界、空间、建筑三要素，分别探究其形态特性、结构程度和群体秩序，并借鉴景观生态学、分形几何学、计算机编程以及数理统计中相关方法进行量化表达，

〔1〕 深圳市规划和国土资源委员会．深圳市罗湖区分区规划（1998—2010）［EB/OL］．（2012－03－13）［2022－03－30］．http：//www.szpl.gov.cn/main/csgh/fwgh/lhfjgh/lhgh.htm.

〔2〕 林晓蓉，刘淑虎．三溪村空间形态研究及思考［J］．华中建筑，2011，29（1）：138-141.

〔3〕 张杰，吴淞楠．中国传统村落形态的量化研究［J］．世界建筑，2010（1）：118-121.

〔4〕 叶巍．余姚地区新建农村空间形态研究［D］．西安：西安建筑科技大学，2013.

〔5〕 丁沃沃，李倩．苏南村落形态特征及其要素研究［J］．建筑学报，2013（12）：64-68.

〔6〕 温天蓉，吴宁，童磊．衢州古村落空间形态研究［J］．建筑与文化，2016（2）：112-113.

〔7〕 王昀．传统聚落结构中的空间概念［M］．北京：中国建筑工业出版社，2009.

提炼出一套聚落平面形态量化指数，并考察它们相互之间的内在关联与调和机制，以期在抽象的规划指标之外，为村落提供更为具体而精准的形态描述方式，并使之相互间能够实现科学量化的比较、分类和评述[1]。王挺等提出了乡村空间原生性景观特质的四个特征要素，即片区建筑布局、街巷形态、密度和界面，并对密度和界面特征进行了量化比较分析[2]。

三是用最邻近指数法（Nearnest Neighbor Indicator，NNI）和核密度估计法（Kernel Density Estimation，KDE）对空间分布格局进行定量分析。其中，最邻近指数法最早由 Clark 和 Evans 提出。1954 年，这两位生态学家提出最邻近距离测度点空间分布模式的办法，即将研究区内每个点状要素的最邻近距离的平均值与随机模式下点状要素的平均最邻近距离进行对比，以判断点状要素的空间分布模式。核密度估计法无需任何假定，直接根据数据特性来分析空间分布特征[3]，是空间点分布模式分析方法中运用最广的方法之一，这种方法体现了地理学的距离衰减规律[4]。以这种办法可获取研究对象的空间变化密度图形，这类图形特征明显，可以完整地反映出研究对象连续的空间分布形状，并以"波峰"和"波谷"的形式强化显示空间分布效果，以分析点状数据全局分布的密度变动状况与集中区域。这种方法在地理学相关领域中得到广泛应用，其中，闫庆武等在研究江苏省人口分布过程中，以居民点密度作为数据点，对其进行核密度结构分析[5]；袁丰等在研究苏州市区信息通信集中地中，基于信息通信公司数据，运用上述方法进行了定量分析[6]；刘锐等在研究广佛都市区路网格局时空过程中，基于道路网络数据，运用该方法进行了定量分析[7]；王守成等在九寨沟旅游地景观的关注度研究中，基于旅游地的自发地理信息（Volunteered Geographic Information，VGI）照片数据，运用上述方法进行了定量分析[8]；李全林等在研究苏北地区乡村空间分布的过程中，对乡村聚落点密度变化进行分析[9]。上述分析方法可用于较大范围内的传统村落景观空间分布格局的量化分析。

（六）小结

综上所述，目前越来越重视定性与定量相结合的研究方法，为了使研究成果更具

〔1〕浦欣成.传统乡村聚落平面形态的量化方法研究［M］.南京：东南大学出版社，2013.

〔2〕王挺，宣建华.宗祠影响下的浙江传统村落肌理形态初探［J］.华中建筑，2011，29（2）：164-167.

〔3〕李存华，孙志辉，陈耿，等.核密度估计及其在聚类算法构造中的应用［J］.计算机研究与发展，2004，41（10）：1712-1719.

〔4〕陈晨，修春亮，陈伟.基于 GIS 的北京地名文化景观空间分布特征及其成因［J］.地理科学，2014，34（4）：420-429.

〔5〕闫庆武，卞正富，等.基于居民点密度的人口密度空间化［J］.地理与地理信息科学，2011，27（5）：95-98.

〔6〕袁丰，魏也华，陈雯，等.苏州市区信息通讯企业空间集聚与新企业选址［J］.地理学报，2010，65（2）：153-163.

〔7〕刘锐，胡伟平.基于核密度估计的广佛都市区路网演变分析［J］.地理科学，2011，31（1）：81-86.

〔8〕王守成，李仁杰，傅学庆，等.基于自发地理信息的旅游地景观关注度研究——以九寨沟旅游地为例［J］.旅游学刊，2014，29（2）：84-92.

〔9〕李全林，马晓冬.苏北地区乡村聚落的空间格局［J］.地理研究，2012，31（1）：144-154.

科学性，必须重视定量分析方法的运用。在传统村落原生性景观研究方面，应用理论和技术方法方面的趋势主要表现在以下几个方面。

一是将 GIS 技术和相关的数学模型结合，以得到更加客观的分析结果。未来在原生性景观特征分析及规划设计方面，着重点依然是多学科的交融。基于多学科的观点进行指标选取，并依托数学模型量化，利用 GIS 空间技术进行分析，是发展的一大重要趋势。

二是运用图式语言理论，建立传统村落景观语言体系，重点对不同尺度的原生性景观进行定性研究，以期更形象地揭示不同景观特质之间的关系。

三是借鉴分形理论研究城镇体系和传统村落空间形态的理论方法，进行原生性景观的研究，以期形象描述聚落原生性景观特质的复杂程度和迭代过程。

四是借用街道和聚落形态定量分析方法，例如，可以借用贴线率、界面密度等指标，量化传统村落街巷变化程度，分析传统村落街巷原生性景观特质；又如，还可以用最邻近指数法和核密度估计法对传统村落空间分布格局进行定量分析等。

当然，在借鉴上述应用理论和技术方法过程中，应特别注意一个问题：以往分形理论、街道和聚落形态定量分析方法主要用于城镇原生性景观特质研究，城镇景观与传统村落原生性景观有较大区别，必须根据传统村落原生性景观特点和研究目的，有针对性地运用，需要开拓性、创新性地运用分形理论、街道和聚落形态定量分析方法展开相关研究。

第四节　传统村落原生性景观特质的研究路径

保护传统村落原生性景观特质的前提是全面有效分析原生性景观特质。结合前文中相关分析理论与方法，本书提出"尺度—秩序—过程—表达"的原生性景观特质研究路径，从而为建构保护机制奠定基础。

"尺度—秩序—过程—表达"原生性景观特质研究路径基于原生性景观多尺度多维度特征。所谓尺度，即空间层级化，由于不同尺度原生性景观的特征和表现不同，首先要区别不同尺度进行分别研究。在某一尺度内，首先研究秩序问题，即研究当前传统村落景观空间结构，这一结构通常在平面呈现拼接关系、在纵向呈现嵌套关系；其次，研究过程问题，引入时间要素，研究原生性景观发展过程，体现其时间动态化；最后，研究表达问题，基于原生性景观形态特征，运用图式语言等方法，将原生性景观特质形态信息进行符号化表达。在"尺度—秩序—过程—表达"原生性景观特质分析研究路径中，在对原生性景观尺度、秩序、过程理解的基础上，对原生性景观特质的表象和内在进行基于地理学、景观生态学、形态学等多学科角度的感知与评价，从而对原生性景观进行全面、立体、丰富的理解。"尺度—秩序—过程—表达"原生性景观特质分析研究路径，充分适应原生性景观的尺度及嵌套特点，尺度、秩序、过程、表达四大核心内容相融相生，可以全面反映原生性景观特征。

一、尺度——空间层级化

尺度设计是景观规划设计的主要内容。按尺度研究原生性景观特质是原生性景观研究的主要角度之一。同时，传统村落是典型的人文生态系统，约翰·莱尔（John Lyle）的人文生态系统设计思想体系是我们研究原生性景观的基础理论。正如他所说，人文生态系统具有多重尺度等级，不同尺度等级之间存在嵌套关系，并存在物质、人文及能量的交流。从这个意义上来说，原生性景观是多要素组合、多尺度层次的垂直纵向和水平横向的嵌套组合的复杂系统，强调景观之间的相互作用与联系，影响着系统中物质、能量等信息的交换和交流。因此，应当按不同等级尺度研究分析原生性景观。

但是，如何合理确定研究的尺度，当前并没有权威的说法。通常的做法是，对于尺度等级进行模糊分类，例如，按照大、中、小或宏观、中观、微观等分为三类尺度，但是三者之间的具体界限是什么，难以明确，使得规划设计通常只能在同一尺度内进行，原生性景观特质分析也一样。但是要全面分析原生性景观，仅在一个尺度内分析是不够的，因为景观特质分析的重要内容就是空间形态的研究分析，空间必然有层次性，一个尺度内的原生性景观特质分析无法全面分析传统村落景观不同层级的空间形态。

实际上，尺度是由尺度效应决定的，虽然与大小、数量、规模、持续性有关，但这些因素并不具有决定性作用。也就是说，在某一范围内，如果尺度效应没有发生质变，就可以认为在同一个景观空间尺度内。只有当尺度效应发生了质变，才有可能区分不同的景观空间尺度，即所谓"尺度上推"或"尺度下迁"。

为了更全面地研究原生性景观，本书以出现尺度效应质变，即出现截然不同的景观格局和空间形态为依据，将传统村落景观系统分为大、中、小三个尺度等级。

（一）大尺度级原生性景观

大尺度级原生性景观是指在大的地貌划分环境下，整体人文生态系统所展现出来的有共同地域景观特征的宏观聚居模式形态。大尺度级原生性景观研究重点在于把握整体人群聚居空间地域特征；获取空间成因、环境背景和对聚居整体空间特征产生影响的关键性因素，从而分析归纳组合原生性景观特质特征模式。例如太湖流域的地理特征就是湖荡平原与低山丘陵地形结合的大尺度原生性景观。

（二）中尺度级原生性景观

中尺度级原生性景观指众多相关村落组群形成的原生性景观，从范围来看，层级类似于一个乡镇区域，但有别于乡镇行政概念。一个行政乡镇内的村落数量不等，村落之间的景观特质特征不一定从属同一个生态格局，不适合作为一个整体来研究。中尺度级原生性景观的研究对象是在某一山水格局范围内体现类似地域性分布特征的村落群体的空间组织关系，诸如村落群体的有关整体空间格局、聚落分布、自然资源原生性景观特质形态。研究中尺度级原生性景观的意义在于从中观整体层面对一定特征的村落群体景观特质进行剖析。

（三）小尺度级原生性景观

小尺度级原生性景观是指单个村落具有的景观特质。虽然各个村落有不同的形态结构，以及由此形成的差异化景观特质，但彼此功能接近，具有环境相对完整的片区，以及相似的发展历史和背景，在此片区上的村落，其空间逻辑所呈现出来的景观特质常表现出相似的逻辑结构。小尺度级原生性景观是与人们在传统村落空间中生活和体验最为密切的原生性景观特质层次，是研究原生性景观最有设计实践意义的尺度层次。

不同尺度层次的原生性景观造就了差异化的景观特质。一般来说，大尺度级原生性景观涵盖范围较广，相对于形态，意向内容更为丰富；小尺度级原生性景观涉及范围较小，相比于意向，形态内容更丰富。三个尺度层级之间垂直关联，高层级的原生性景观特质包含低一层级的原生性景观特质，低层级的原生性景观特质组成了高一层级的原生性景观特质，且相互作用与联系，有着丰富的物质、能量等信息的交换。因此，不能简单地从一个尺度等级去研究这个等级的景观特质，还要从更高一个等级去研究分析，从而全面了解其原生性景观特质特征的形成原因及过程（表1-5）。

表 1-5 景观特质的尺度层次

景观层次	研究对象	研究特征	研究目的	研究重点	认知切入点
大尺度级	有整体共同地域特征景观的人文生态系统	宏观、抽象、分辨率低	把握整体空间地域特征；获取空间成因、环境背景和对整体空间特征产生影响的关键性因素；分析归纳斑块组合模式，提取大尺度级原生性景观特质图式	空间的整体地域生态特征及其形成的驱动因素	空间过程
中尺度级	景观空间的复合子系统或景观镶嵌体	中观、从抽象到具象、分辨率适中	发掘自然和人文相结合的空间演化成因与规律；收集地方的生产智慧及景观形态，提取中尺度级原生性景观特质图式	人的生产活动与生态环境的博弈过程及形态成因	空间格局
小尺度级	相似性空间集合的基本景观空间	微观、具象、分辨率高	提取独立存在且具有完整性的小空间单元；发掘与人生活密切相关的景观空间成因与规律，形成空间提升与保护策略的素材；提取小尺度级原生性景观特质图式	基本生活空间景观要素的形态及成因	空间现状感知

二、秩序——拼接嵌套结构化

景观特质可以理解为具有嵌套结构的空间综合体，景观特质体系可以理解为同一尺度内景观特质的拼接和不同尺度之间景观特质的嵌套。这一理解，对于风景园林规划设计有着重要影响，在进行风景园林规划设计时，不仅要考虑同一尺度内的空间形态关系，还要考虑不同尺度之间的空间形态关系，也就是在"尺度上推"和"尺度下迁"中都体现设计的空间逻辑。

当传统村落景观空间具有较强的结构特性时，就可以运用景观特质的研究理论和方法进行认知。传统村落景观的基本构成是结构要素，每个结构要素按照一定秩序，组成类型不同、空间分布不同、空间连接不同的整体景观，形成在一定尺度内，具有独自特点、一定功能且与其他景观空间有着密切联系和信息交流的景观空间。

本书认为，传统村落景观是具有一定秩序的结构景观，其整体结构空间从小到大可以划分出景观形态要素、景观形态单元、景观形态组合三种类型。通过原生性景观形态要素的有序拼接嵌套形成若干个特定的景观形态单元，通过不同景观形态单元的有序拼接嵌套形成若干个各具特色的景观形态组合，通过不同景观形态组合的有序拼接嵌套形成具有地域性的原生性景观。因此，在研究分析原生性景观过程中，要在传统村落自然景观、文化景观等现有景观的深入解析基础上，重视对景观形态要素、景观形态单元、景观形态组合的剖析和归纳，梳理其秩序性，解读其地域性等特性。

三、过程——时间动态化

传统村落景观不是一朝一夕形成的，也不是一成不变的，它随着社会历史的发展变化而变化，是长期历史发展过程中沉淀的精华，表现出动态性的特征。它的这种表现并不局限于自身，还在一定程度上反映了一定时期社会发展的特点。原生性景观特质研究理论认为，原生性景观特质不仅具有空间上的变化特征，也具有时间上的变化特征。所谓时间上的变化，主要是指原生性景观特质的形态、功能等随着时间而变化。这种变化有两种，一种是稳定的变化，通常是空间原生性景观特质影响要素及其之间的相互作用没有出现重大变化，以相对稳定的相互作用影响着原生性景观特质进行稳定的变化，传统村落在较长时间内处于这种变化中；另一种是突然的变化，也就是空间原生性景观特质影响要素或其之间的相互作用出现了急剧变化，原生性景观特质随之发生突变。例如，在过去一段时间内，对某些传统村落进行的所谓的"现代化改造"，就使这些村落的原生性景观特质短时间内发生了重大变化，甚至是根本性的变化。

原生性景观一直处于不断变化发展的过程中，伴随社会的变迁、生活方式的变化、人口结构的变化做出相应调整。不同时代会遗存不同的原生性景观特质形态，各时代的原生性景观的构成元素皆有所不同，它用自己的方式记录下了人类社会发展的点滴印记。因此，研究原生性景观不仅要考虑其现状呈现的空间形态等空间关系，更要考虑其现状形成的过程因素，了解其动态发展过程。

四、表达——语言图式化

图式语言最早是美术教学中的一种基本理论和方法，后来，风景园林学引用了这种理论和方法，较好地将景观的语言研究与图式化研究结合起来。具体而言，它以景观空间单元为基础，用图式作为景观的基本表达符号，运用语言的逻辑和组织结构来研究景观空间肌理和生成机制。国内学者王云才开展了大量的景观图式语言研究，奠定了风景园林图式语言基本框架和体系[1]。景观特质实际上是一种虚实兼顾的表达方法，每个原生性景观特质研究者都可以结合研究对象、自身研究实践和个人喜好形成不同于他人的设计语言，以图式的形式来表现空间单元，将景观特质图式化。

本书原生性景观特质的研究力求进一步探索适合表达传统村落景观的图式语言，关注村落中传统原生性景观特质的优秀样本，研究传统原生性景观特质的地方性特征、组织结构、形成过程、归纳和分类。利用图式语言提取传统村落原生性景观特质的逻辑关系，将原生性景观特质的织补和再现运用到新的传统村落规划中，解决传统合理传承的问题。

以"要素—单元—组合"型对空间原生性景观特质进行逻辑化分析的内涵如下：

（1）基于一致性的分辨和逻辑性的提炼，将可以刻画土地空间景象的组织结构，即景观空间要素从整体环境中分辨出来，并厘清各个要素之间的相互关联。

（2）从提取的景观要素中，分解并命名每种组成景观单元的构成要素，对其做出分类，并统计其数量、形态、分布等特征。

（3）对景观空间的表面现象和内部过程进行基于美学心理学、生态学、社会学等多学科角度的感知与评价，分析成因；梳理依赖于人地相互作用的历史过程而产生的景观单元；找出传统村落人文生态系统中维持空间组合以及维持各个构成要素之间关系的典型范式。

（4）在该尺度下构建对景观特质丰富、立体、全面的体验与理解。在构成、格局、过程和感知体系下建立原生性景观特质设计框架，通过有依据的整体原生性景观特质骨格织补、局部复制再现进行传统村落景观的地方性、传统性设计。

第五节　传统村落原生性景观保护与利用的原则

传统村落原生性景观保护与利用应遵循以下几项原则。

---

[1] 王云才. 论景观空间图式语言的逻辑思路及体系框架 [J]. 风景园林，2017（4）：89-98.

一、原真性与延续性相结合

《保护文物建筑及历史地段的国际宪章》即《威尼斯宪章》的第六条明确："古迹的保护包含着对一定规模环境的保护。凡传统环境存在的地方必须予以保存，决不允许任何导致改变主体和颜色关系的新建、拆除或改动。"这是对文物建筑原真性保护的明确规定。传统村落原生性景观的价值体现在其原生性的文化特质上，而文化的外化结果与载体是景观，因此，传统村落原生性景观保护的实质是从外部保护传统村落的历史文化资源。由此，传统村落原生性景观保护应参考这一规定，对于具有重要历史、文化价值的传统村落，应该把握原真性原则，尽可能保持其原生性景观的固有形态，从而有效保留宝贵的历史和文化等信息。同时，对传统村落不能仅进行"博物馆式"的保护，在进行原真性保护的同时，应进行延续性的发展与利用。例如，在传统村落进行发展规划，特别是在改建时，应突出原生性景观对传统文化的传承，而不是片面追求外形的简单模仿，应努力构建具有文化延续性，且适应当代生活生产条件与环境的村落。

二、整体性与分类性相结合

传统村落原生性景观是传统村落在长期历史进程中人类活动和自然环境长期互动而形成的各类景观，其形态构成包括建筑、山体、水体、农田、绿地、道路等基本要素，不同的要素构成了不同的景观形态单元，不同的形态单元又构成了不同的景观形态组合。因此，传统村落原生性景观是一个统一体，必须从整体的角度去保护和利用，既不能孤立地仅对某类景观组合、单元进行保护和利用，也不能只对建筑、农田、山体等单个要素进行保护和利用。把握好整体性原则，才能更全面地保护和利用好原生性景观及其体现的客观物质性与蕴含的精神文化性。同时，在具体开展原生性景观保护和利用工作时，对于不同类型的景观形态组合、单元和要素，不能一种方法包打天下，更不能"一刀切"。例如，以广场为中心的原生性景观形态单元模式、以水体为中心的原生性景观形态单元模式和以绿地为中心的原生性景观形态单元模式的保护和利用的重点、方法等不同，要合理区分，有针对性地制定保护和利用策略。

三、恢复性与发展性相结合

传统村落原生性景观保护和利用通常难以在理想状态下进行，即保护和利用的对象不是保存完好的原生性景观，特别是建筑聚落等人文景观，很可能因为种种原因遭到不同程度的破坏，这就需要按照恢复性的要求，在总体把握传统村落原生性景观特质的基础上，对被破坏的景观进行修复。以传统建筑为例，应在确保传统村落聚落整体形态和风貌不变的情况下，选用与周边建筑相似的材料，修复破损的传统建筑，做到"修旧如旧"，如实还原传统建筑景观形态，从而确保原生性景观特质得到有效延续。同时，保护和利用不能是消极的守旧，更不能成为发展的桎梏，应综合考虑传统村落自身建设与发展的需求，特别是要考虑到居民的生活生产等需求，避免"博物馆式"的保护和利用，不盲从于其他地区传统村落的保护和利用模式，在保留原生性景观所蕴含的历史、人文等信息的基础上，寻找适合本地区环境与条件的保护和利用之路，在科学保留原生性景观特质的同时，增加居民生活的便利性，并着眼于旅游等行业发展需求，增加居民收入，充分调动居民参与保护和利用传统村落原生性景观的积极性，争做传统文化的传承者，从而促进传统村落的发展与繁荣，走上可持续发展道路。

第二章 传统村落原生性景观的表现

传统村落原生性景观是客观可见的，分析其具体表现，是研究其内在特质的重要前提。本章首先分析原生性景观的基本特性，其次分析原生性景观形成的自然因素和人文因素，最后梳理原生性景观形态的基本构成，利用图式语言的方法提取传统村落有代表性的原生性景观形态单元模式、组合模式。

第一节 原生性景观的基本特性

原生性景观蕴含着丰富的内涵，其一，原生性景观是传统村落在长期的历史演变中不断自发生长的结果，它集中体现了传统村落的历史文化与民俗生活，是当地村民对传统村落的归属认同感的源泉；其二，原生性景观集中反映了一定时期内的社会价值，包括意识形态的内容和生活生产的方式。

一、传统性

传统村落作为人类最早和最普遍的聚居形式，经历了长久的变迁，凝聚了人类农业文明的结晶，体现了人与自然和谐共处的智慧，是传统文化的"活化石"，因而传统性是大部分传统村落景观的共有特性。

传统村落景观是可持续进化的景观类型，不同时期的生产力和经济发展水平产生出不同的生产生活方式、精神文化信仰及习俗。传统村落的农田、林地、河流也都世世代代和当地居民息息相关。因此，传统和记忆是传统村落景观丰富性和独特性的根本所在。传统性亦体现在非物质文化内容上，传统村落居民间的社会交往等各类活动往往遵循世代沿袭下来的宗法、习俗和习惯，而这些潜在的规则维系着既有的社会关系，在传统村落社会中形成较稳定的礼法、规则和秩序。因此，传统村落文化景观的传统性中既包括传统的物质形态，也包括传统的非物质文化，是在其长时期地域文化和景观空间演进过程中形成的重要特质。本书研究原生性景观的目标是分析和提取传统的景观特质特征模式，作为新农村规划设计中原生性景观特质织补或重建的样本和素材，而非研究现代城镇入侵而产生的原生性景观特质。东山镇杨湾村传统路面和东山镇杨湾村一景如图 2-1、图 2-2 所示。

图 2-1 东山镇杨湾村传统路面　　　　　图 2-2 东山镇杨湾村一景

二、地域性

在不同的地理环境下，落后的交通工具以及生产工具，使得传统村落的发展都建立在自身特定的地理环境中，且难以有大规模跨地域的同质生产方式和生活方式，也就造成传统村落原生性景观特质具有鲜明的地域性特征。考古学家苏秉琦认为："人类活动的地域自然条件不同，获取生活资料的方法不同，生活方式也就各色……我们恰可根据这些物质文化面貌的特征去区分不同的文化类型。"

通常来说，传统聚落、建筑以及土地利用景观是最能体现一个地区地域性特征的物质载体。传统聚落和建筑体现得最为明显，例如，我国福建土楼、湘西吊脚楼、赣南围屋、陕西窑洞呈现出的相异面貌，这些都是人们根据当地特定自然条件，结合生产能力发展逐渐形成的。同时，以农业生产景观为主的土地利用景观，也能体现传统村落原生性景观特质的地域性，例如，我国云南哈尼梯田、浙江青田"稻鱼共生"等，就是极具地方特色的传统村落生产景观。

三、抽象性

由于受到诸多自然因素与社会因素的影响，原生性景观并不能完全直接地被感官感知，表现出抽象性特征。需要指出的是，这种抽象性是多种因素相互作用的结果，如传统村落各个景观空间之间存在着错综复杂的联系，这些联系之间相互影响、相互渗透，不同空间的景观特质又存在诸多的空间的交叉和干扰。因此，单凭人的知觉感知能力，难以从繁多的形态要素中分析提取传统村落景观的原生性景观特质特征。

四、显隐性

原生性景观是由传统村落的自然条件、社会发展、经济条件、民俗文化、宗教文化等诸要素相互作用形成的结果。要掌握其生成规律，应着眼于传统村落景观所处的自然环境和政治经济环境，通过综合研究，去了解原生性景观结构，并借助于特定的技术手法分析提炼才能揭示其生成的规律，即隐性规律。与形态构成学中的一般图形学下的原生性景观特质不同，传统意义上的原生性景观，并不是传统村落建设主动创造的景观，往往是传统村落建设的衍生物，其呈现特征被后发主动认识和讨论。可见，原生性景观具有鲜明的显隐性，这是区别于一般原生性景观特质的重要特征。

第二节　原生性景观的成因分析

原生性景观的形成主要有自然和人文两大因素。本节以太湖西山传统村落为代表，分析其原生性景观形成的原因。

西山景区是太湖流域传统村落和历史遗址最丰富的地区，是以湖岛风光和山乡古村为特色的山水传统村落型景区。根据风景名胜资源分类，西山景区自然景源和人文景源密集丰富，是太湖自然风光的精华所在。中国传统村落名录中，西山就有 7 个入选，分别为东蔡村、植里村、明月湾村、东村、甪里村、后埠村和堂里村（图 2-3）。其中明月湾村和东村还被列入中国历史文化名村。这些传统村落以及附属景观包括传统建筑群、民居、宗祠、街巷、林地、湿地、农田等，构成了丰富的物质文化景观。西山人民的生产生活方式、风俗、信仰、民间艺术等非物质文化景观也非常丰富，例如独特的婚俗、圩田种植方式、根艺、盆景、竹雕、木雕、禹王、妈祖、观音信仰、苏式彩画以及丰富的名人传说。

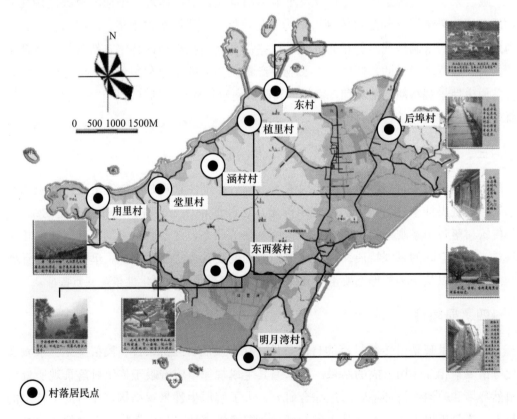

图 2-3　西山传统村落分布图

一、景观特质形成的自然因素

对于传统村落，在其长期发展过程中，自然条件对其原生性景观特质的影响非常显著。例如，沿湖的传统村落在水系的影响下形成了沿湖的空间格局，以便于渔业生产，而由于水系的影响被划分成不同的空间形态，呈现出带型与分散型等不同特征的空间格局。西山景区镇域级原生性景观形态主要受地形地貌、气候、水系、植被等自然条件的影响。

（一）地形与山水格局

地形是对传统村落空间格局影响最为重要的自然因素，特别是对街巷形态产生了重要影响。地形地貌条件复杂的地区，山体、水系等会影响传统村落街巷的空间布局，街巷形态具有自由性、适应性，并与自然条件相结合，形成有机的景观空间格局。

西山山峦、丘陵分布广泛，山峦众多是西山的基本地貌特征。在地质上，西山属浙西天目山的余脉，低山和丘陵主要分布在岛屿中部，由近百座山丘组成，缥缈峰海拔超过 330m，是太湖地区最高峰。此外，西山较高的山峰还有大昆山、凉帽顶等，在山体附近，逐渐形成了山峦、山洞、山泉、山溪、山林、古树等景观类型。

围绕山丘地貌，在山峦与湖面之间海拔 4～8 米的区域，呈现出坡度为 2°～3°地势呈缓坡状起伏的山前冲积平原，如西山的梅益、秉场、慈里。这些平原区域土壤肥沃，历史上主要以农田为主，种植水稻、油菜等农作物。

西山传统村落表现出很强的地缘性，背依缥缈峰，面向太湖。这些村落被山环绕，分布在当地称为"山坞"的地形中。太湖紧贴村子的入口，多分布有牌坊、祠堂、寺庙等建筑，这是传统村落空间的中心，并向山体或水源延伸，形成团块状或者狭长的带状，构成传统村落典型的布局方式。

水源是传统村落形成与发展的核心要素，人们大都优先选择近水处的高地去居住，正如"高毋近阜而水用足，低毋近水而沟防省"所言。西山处于太湖湖心与水网密布的江南地带，重要的特征之一就是水域分布相对密集。

古代，娄江、东江和吴淞江作为引太湖水进海的主河道，并称为"三江"，现如今主要的出水河道包含属于黄浦江和江南运河两大水系的黄浦江、吴淞江、望虞河、浏河、白茆河、太浦河、梁溪河等。太湖水系有着从西至东泄泻的特点，年均出湖径流量是 75 亿立方米，蓄水量是 44 亿立方米。寻常年份，在 5 月雨季到来之后，入湖径流规模扩大，太湖水位逐渐上升；7—8 月，水位到达最高值，也有可能 9—10 月因台风过境最高水位延后；之后水位逐渐降低，直至下一年 4 月，此时期大致为西高东低，湖水流动速度相对较缓，无风时，大多为正常的倾斜流，大致是从西南向东北流。在早期交通出行相对落后的时期，水陆交通成为村民商品交换的主要交通方式。夏冬两季，水能调节小气候。在原生性景观的形成与发展过程中，传统村落的分布大都依水源而演变，依照水系特点而采取周围近水，导水进村，环绕河网分布的带型、分散型等各类方式，演变为各类前街后河的居住样式。当路河之间空间较大时，就产生了进深较大的严谨的传统大宅建筑，而当路河之间空间有限时，就形成了一般性民居，表现出特有的水乡传统居住空间形态。

（二）气候与植被生长

气候与传统村落分布有着密切的联系，尤其在气候特征相对明显的地区。西山所在的区域主要为湿润性季风气候，降水量较大且日照时间相对较长。春夏之际，从东南沿海吹来的海风，携带了大量的水汽，同时由于太湖水域的调节作用，整体的气候特点为四季分明、温暖湿润。西山在冬半年时主要以干冷的西北风为主，夏半年主要以湿润的东南风为主，从全年来看，东南风的时间较长，其次为西北风。西山在台风多发区，受台风的影响比较频繁。每年的7月下旬至10月上旬，台风频繁过境，携带大量的云雨，形成台风云。太湖水域辽阔，缺乏一定的障碍物阻挡，所以西山的风速要比太湖沿岸地区的风速快，这在很大程度上加剧了西山夏秋季干旱的程度。西山地形比较复杂，山脉走向并不统一，不同高度、坡度和坡向气温差异较大。其中，坡向和气候的影响最大。因为东向与东南向的阳坡受阳光直射时间较长，尤其是处于冬季阳光斜射的阶段，斜坡表面单位面积接受的热量多，温度相对较高；西北方向的阳坡与山坞，阳光直射的时间较短，温度相对较低，同时由于寒潮来临之际亦处于较靠前位置，果树容易遭受冻害；山凹冷空气沉积的谷地，温度更低，涵村坞、水月坞中的果树往往冻害较严重。气候对西山植被分布和人们建筑用地选择有着直接的影响，因而对原生性景观特质形态也有着重大影响。因为太阳高度角较大，所以传统村落的住宅建筑在居住分布上相对密集，人均占地面积较少，空间分布紧密。建筑群落之中狭窄的小巷，既有利于通风，又有利于遮阳。在住宅建筑形态方面，大多是朝南或东南方向，多采用坡屋顶，加速了屋顶排水，同时运用坡顶的组合形成变化，体现出对气候条件的适应性特征。

西山的最高处为海拔300多米，植被的垂直化分布层次相对明显。顶部为草山，草山之下主要分布以马尾松为主的针叶林与常绿阔叶林的混合林地，山麓区域多栽有果树，湖湾区域除了栽有果树，也是水稻种植的主要区域。在西山的乡土植物中，乔木包含马尾松、白栎、冬青、香樟、锥栗等；灌木常见的有算盘珠、胡颓子、乌饭树、山胡椒、柘、牡荆、石楠、六月雪等；草木包含白黄芭、细柄草、翻白草、桔梗等；沼池与水生植物主要有芦苇、荻、艾白、野慈菇、水蓼、浮萍、菩菜、药菜、满江红、菱、水蕨、范草、苦草等。具体可以分为下列八个群落：一是白黄茅、细柄草群落；二是马尾松、白栎群落；三是马尾松、冬青、杨梅群落；四是经济果树群落；五是白羊草、狗尾草、鸡眼草群落；六是圆柏、山胡椒、石楠群落；七是水稻田、杂草群落；八是湖边沟渠植物群落。这些植物群落之间，彼此存在着相互联系和相互制约的关系，尤其在邻接的植物群落之间表现得更为显著。例如马尾松、冬青、杨梅群落和经济果树群落之间的生长条件有密切的联系。当马尾松、冬青、杨梅群落生长繁茂的时候，地下水源充裕，因而其下方的经济果树群落也具备了必要的生长条件，生长繁茂；反之，当前者被破坏，水源发生问题时，经济果树就可能生长不良甚至不能生长。不同的植被分布及变化，对西山景区镇域级原生性景观形态有重要影响。

二、景观特质形成的人文因素

原生性景观所承载的文化信息丰富，传统地域文化对原生性景观的形成起着举足轻重的作用，是人类生活有意识地尊重、参与、介入自然生态系统中而逐渐形成的。是当地人民在长期的生产、生活中创造而来的，且不断地发展、演进和积淀，可以表现在某一地域的生活生产状况、民族风俗习惯、人文宗教活动和文化技术水平等各个方面。在对典型原生性景观进行选取之前，需对西山地域文化进行识别。

以太湖西山为例，在吴文化的环境背景下，形成了兼具吴文化与"湖岛"特质的地域文化。按照功能性可将其划分为信仰、人居、劳作、民俗、商业、游赏等文化类别。

（1）信仰文化。西山的氏族多为宋高宗赵构渡江南时迁至西山的北方望族，有同姓聚族而居、广修家谱、兴建祠堂等文化特质。因此，祠堂自然就成为村落中心，不少传统村落的聚落布局也多以祠堂为中心，如明月湾村形成了以黄氏宗祠、吴家祠堂等为中心，并沿主要街巷展开的聚落布局。妈祖是我国东南沿海广泛信仰的海神，又称圣母、天后、天妃等。除了宗室文化，西山还有不少其他信仰文化，如妈祖、大禹等。西山的妈祖文化是舶来品。相传妈祖能保行船太平、风调雨顺，居住于湖心的西山人特别敬崇妈祖。西山祭天妃设在衙里天妃宫，每年3月的娘娘出会是西山规模及影响最大的庙会。西山的大禹文化主要来自大禹曾在太湖治水的传说，为了纪念他并祈求西山风调雨顺，人们先后建造了四座禹庙。过去西山民众祭祀禹王的场地主要有平台山、角里村郑泾港口、消夏湾瓦山三处，目前仅存西山角里村滨湖这一座禹王庙。

（2）风水文化。西山传统村落，大多是北方贵族迁徙而来。出于对世代兴旺的期盼，对风水理念极其看重。村落在选址上基本符合一般性临水村落"相土尝水，象天法地"的择址思想。如西山的明月湾村、植里村、东村等传统村落的选址都按照这种"背山面水"的相地模式。"背山面水"就是要三面环山、开门见水，三面环山可以藏"气"，开门见水可使"气"遇水而止。此外，西山不少传统村落的村口朝向都是根据水口位置来确定的，并会在村口种植风水树、风水林等祥瑞之物。宗祠祠堂，作为西山传统村落的核心，往往在风水上乘之地选址，有统摄全局的地位。

（3）御水文化。由于地处湖心，洪涝历来是西山主要的自然灾害。西山先民应对频繁发生的水灾，做出了多方面的努力。其一，村落往往选址高地。其二，西山众多传统村落选址都未紧邻太湖，而是退离湖岸线1千米，使太湖与村落之间有一部分耕地作为缓冲地带。其三，西山传统村落修建了沟渠等排涝设施，依山就势、沿街巷分布。

（4）防御文化。太湖水道四通八达，且无险可守，湖中富饶的西山岛便成了盗匪觊觎的对象，历史上，湖匪成患。针对匪患，大多数村落均修建了具备防御功能的建（构）筑物，如巷门、更楼、山门，加之各家各户的高墙深院构成了西山传统村落的多层次防御体系。另外，西山结合山坞修建的村落，利用了该地形相对封闭、易守难攻的特点避祸防匪。

（5）商业文化。西山商业文化有深厚的地域背景。丰富的土特产品为西山人外出经商提供了必要的物质基础，同时地少人多，迫使大量西山农民弃田以求新的出路。西山商人被称为"钻天洞庭"，与徽商、晋商、闽商、粤商相提并论，称雄于中国商界。西山水路发达，贸易昌盛，形成了一批靠近水路的商贸集镇。民国后，甪里村成为重要的码头，因此商业繁荣。

西山四季分明、温暖湿润、气候宜人、土地肥沃，历史上形成了湖中以捕鱼为主，山地以花果为主，平原以良田、蔬菜为主，滨湖低地以蚕桑、水产养殖为主的农业结构，形成农业茶、果、渔、粮、桑、菜六大经济体系。

（6）茶文化。西山山峦连绵、坡度平缓，便于茶果种植，山峦中遍布各类果林茶园。茶树混植于花果林间，采用种子穴播，不成行不成片，不求密度与产量。长久以来西山以碧螺春茶闻名，至1999年，西山共有茶园400多公顷，年产碧螺春2万多吨，主要集中在中央山体的坡地等区域，目前仍保持较为自然的种植形式[1]。同时西山的茶叶采摘、制作工艺等茶文化源远流长。

（7）果文化。西山盛产水果，主要水果包括杨梅、枇杷、柑橘等。其中，柑橘最负盛名，其种植始于一千年前，白居易曾用诗句"浸月冷波千顷练，苞霜新橘万株金"来形容太湖橘林美景。近年来，西山果品保持稳定的产量，其坡地果林及与茶树混植的茶果林构成了独特的坡地田园景观。

（8）渔文化。吴地先民以渔猎为生，从石器时代就开始在湖中捕猎为生。据记载，西山渔民大多以1~2吨的小船在岛四周和内港中以天然捕捞为主，以船为家，沿岛漂泊。长期以来，在渔船建造、渔具渔法等方面形成了丰富的文化习俗。近年来，为了保护太湖渔业生态环境，相关部门设置了综合自然保护区，规范渔业养殖，太湖渔业逐渐衰落。

（9）粮桑文化。太湖流域地势平坦、土地肥沃，是古时农耕最发达的地区之一，有"苏常熟，天下足"之谚。西山利用圩田种植水稻由来已久，在沿湖区域，田地借助地形，形成大圩、小圩、联圩层层套叠的景观风貌。同时，水稻种植还与蚕桑养殖联系在一起，构成了良好的生态结构系统，明代以来在太湖地区广泛运用，被称为桑基鱼塘系统[2]。

第三节　传统村落原生性景观形态分析

习近平总书记强调"人的命脉在田，田的命脉在水，水的命脉在山，山的命脉在土，土的命脉在树"，充分表明了各要素在生态过程中相互影响、相互制约的关系，是不可分割的一个整体。各要素在生命共同体中所处的层级、位置和作用不同，须充分分析山水林田湖草所构成的景观格局特征和形成机制。山水林田湖草是一个生命共同体，是本书原生性景观研究所遵循的理念。

---

〔1〕 苏州市吴中区西山镇志编纂委员会．西山镇志［M］．苏州：苏州大学出版社，2001.

〔2〕 洪璞．明代以来太湖南岸乡村的经济与社会变迁［M］．北京：中华书局，2005.

一、传统村落原生性景观形态的基本构成

传统村落原生性景观形态的基本构成包括景观形态要素、景观形态单元、景观形态组合，是中尺度级原生性景观研究的三个亚尺度，分别有其代表的空间特征和规律，景观形态要素是连接小尺度级原生性景观特质的空间类型，而景观形态组合是连接大尺度级原生性景观特质的空间类型。中尺度级原生性景观特质空间虽分为三级小尺度，但都是基于中尺度级的范围进行划分的，强调形态、功能、界面、空间作用关系等，而每层的主要关注点及作用类型都不同。传统村落原生性景观特质模式构成逻辑如图2-4所示。

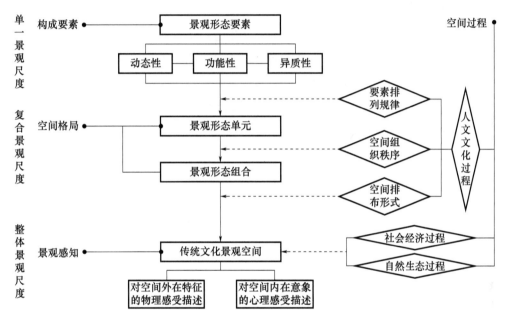

图 2-4 传统村落原生性景观特质模式构成逻辑

（一）景观形态要素

原生性景观的几大要素——建筑、山体、水体、农田、绿地、道路等是传统村落景观空间类型区分的基本标志，这些要素反映了传统村落原生性景观形态特征表现，其相互之间的组合模式及人们的利用方式是反映历史文化、地域特色的重要部分。原生性景观形态要素在功能性、动态性、异质性方面有所区别。

（二）景观形态单元

原生性景观形态单元是在原生性景观中尺度级上，体现原生性景观形态单元特性或功能的空间单元类型。原生性景观形态单元相对于原生性景观形态要素构成来说，包含要素类型更多，更单元化地表现出场地特性，功能形态也更复杂。针对传统村落景观来说，一般的原生性景观形态单元主要反映以广场、水和绿地为中心的各要素互动关系，可以更好地反映不同传统村落空间单元的特质。原生性景观形态单元强调核心空间单元的功能与其他要素空间之间的互动界面作用。

（三）景观形态组合

原生性景观形态组合是中尺度层级上不同功能或不同类型的要素相互作用下综合结果的反映。原生性景观形态组合强调不同原生性景观形态要素之间及原生性景观形态单元与要素之间的连接方式，对于景观特质设计及应用是原生性景观形态组合研究的一大重点。在中尺度层级下，原生性景观形态组合研究不同的原生性景观形态要素和不同类型的原生性景观形态单元之间的组合类型的多级作用模式。在聚落这一核心要素和与之密切相关的山体、水体、农田等结合产生的原生性景观形态组合模式。

二、原生性景观形态单元模式

传统村落原生性景观形态单元模式是人文生态系统的微观体现，通常分为三大类，即以广场、水体和绿地为中心，形成不同模式特点。其与原生性景观形态组合模式本质上存在一定相通的特征属性，在村落景观特质研究和规划设计中有重要的应用价值。

（一）以广场为中心的原生性景观形态单元模式

以广场为中心的原生性景观形态单元模式，按照广场类型的不同，可以分为入口型广场模式和节点型广场模式两类。其特点主要包括：一是传统村落中的广场是村民常用的聚集活动场地，通常分布于村落各处，空间开放程度很高，使用率也很高。二是广场并不会孤立存在，通常会与宗祠、寺庙、绿地、水塘等有机结合，形成比较丰富的村落景观。三是入口型广场和节点型广场形态不同，其中，入口型广场通常形态规整、空间较大，是村内外主要交通道路的汇合处，周边一般有比较丰富的植物、建筑等要素；道路交叉口型、建筑退后型、桥头扩张型等节点型广场形态不规则，通常以周边建筑、水塘等要素为界，空间较小、布局灵活。

（二）以水体为中心的原生性景观形态单元模式

以水体为中心的原生性景观形态单元模式，按照水系形状的不同，可以分为线状水系模式和面状水系模式两类。其特点主要包括：一是不同村落不同位置的水体的形态不一，以水体为中心的原生性景观形态单元空间形态也灵活多变，周边的绿地、建筑等也都各具特色。二是线状水系多为溪流等，以其为中心的原生性景观形态单元空间形态面积较小，呈现沿绕溪流的线性形态，通常与村内道路等线要素保持一致的走向。三是面状水系多为池塘、小湖等，以其为中心的原生性景观形态单元空间形态面积较大，较为自然规整，通常与绿地、宗祠、广场等相邻，驳岸形式比较丰富。

（三）以绿地为中心的原生性景观形态单元模式

以绿地为中心的原生性景观形态单元模式，按照绿地类型的不同，可以分为街巷绿地模式和生态绿地模式两类。其特点主要是：一是街巷绿地通常位于村内，面积不大，多适应于广场、建筑、水体等要素的外围形状，形态不一，景观效果好。二是生态绿地通常面积较大，呈现较为自然的团块形态，一般以果林、保护林的态势分布于村落周边，且与村外的主干道路和主要水系紧密结合。

以西山传统村落为对象，经过分析梳理，本书辨识了120种西山传统村落原生性景观形态单元模式（图2-5、图2-6）。

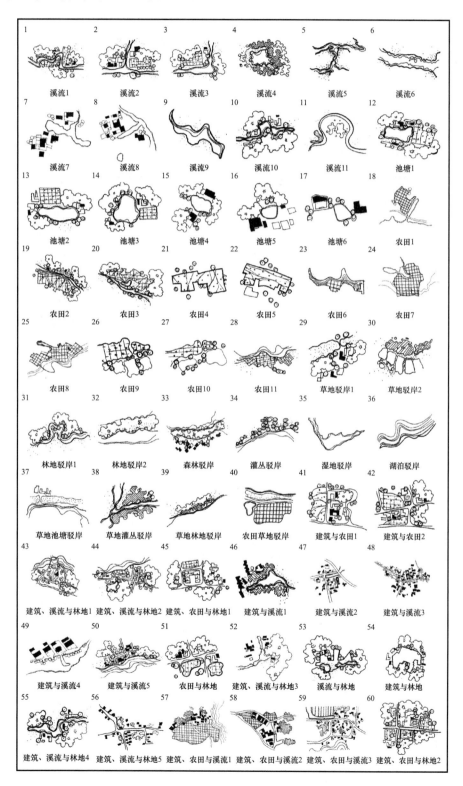

035

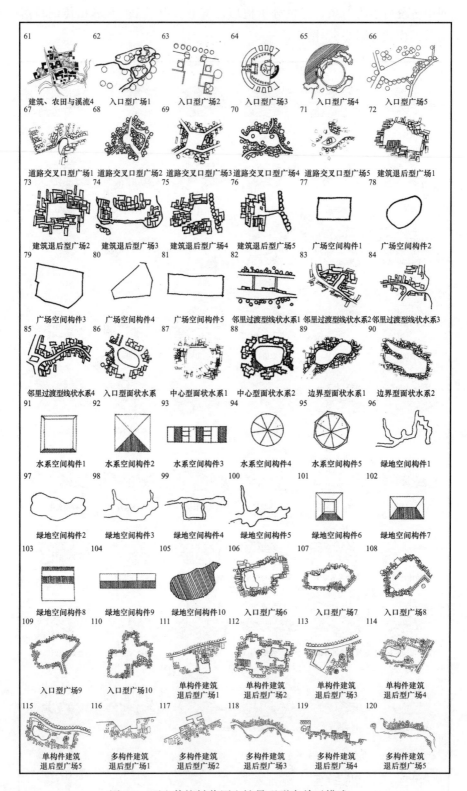

图 2-5　西山传统村落原生性景观形态单元模式一

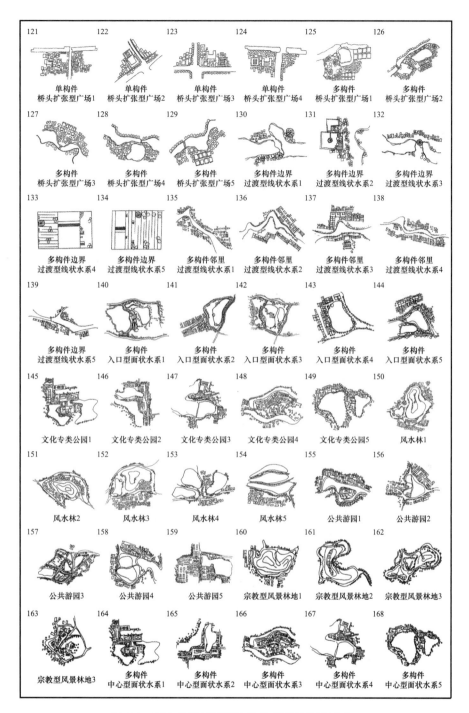

图 2-6　西山传统村落原生性景观形态单元模式二

三、原生性景观形态组合模式

相比于原生性景观形态单元模式，原生性景观形态组合模式层级更高、可观性更强、内容更丰富，在村落景观特质研究和规划设计中的应用性、借鉴性更强。不同传统村落的原生性景观形态组合模式不尽相同，本书以西山传统村落原生性景观为例，梳理归纳出聚落—山体、聚落—水体、聚落—湖岸、聚落—农田—鱼塘、农田—水体（圩田）5类原生性景观形态组合模式。

（一）聚落—山体组合模式

西山80%的山地覆盖着森林，全岛林木覆盖率达68%。为适应这种环境，西山聚落通常建在中部丘陵四周，并根据地势顺势而建。

（1）丘陵梯形山田。丘陵梯形山田是西山农田中一种重要的类型，坡地农田田埂间分布有成排的林地，是西山特色的坡地田园景观。

（2）茶果园。西山茶果园大部分在坡地，多混植于花果林间，且多植于路边地角，很少有成片种植的，且多采用种子穴播，不成行成片，不求密度与产量，管理亦很粗放。中华人民共和国成立后开始成行成片密植。茶园的形式较多样，平面形态分为椭圆环形、扇形、线形等。

果园常被开辟成梯田形式，称为"阶头"。分段依次砌成一条条石坎，如砌石墙一样，坎壁略向上坡倾斜，坎壁内侧用小石块填充，称为"填肚"，然后填土，这样由下而上逐级筑成。开园时有两种情况：一种是先砌石坎做成阶头后再栽果树；另一种是先栽果树，然后再依地势砌成阶头。西山的阶头因修筑的粗精程度不同，主要有以下三种形式。

① 单株花台式梯田。西山称之为"半塘"，即在靠坡一面挖成一半圆形的坑，栽树一株，在坡的下侧用石块绕树砌一个半圆形的石埂。修筑这类梯田最简单省工，适合坡度较大的地方，但由于土壤只有一小部分疏松，根群生长不良，管理上最不方便。

② 复式梯田。为迁就地形，把相邻的、在同一高度上的几个单株花台式梯田的石坎连起来筑成，土石方较省，但很零乱，管理很不方便。

③ 台阶式梯田。这种梯田最为整齐，在西山分布最广。修筑时先相度地势，清除山坡上的杂树，然后依地势开山，利用所挖出的石块修筑石坎。西山这类梯田的石坎修筑往往非常牢固考究，可以维持百年以上不坍坏。这类梯田在防止冲刷上起了很大作用，形成了独有的原生性景观。

聚落—山体组合模式即聚落受山体影响，主要呈现的几种关系布局模式，大致可以分为包含式、围合式、单边贴合式和独立式四类。经过分析梳理，本书辨识了78种西山传统村落聚落—山体组合模式（图2-7、图2-8）。

包含式的聚落依附山体，建筑随地势、山体的变化自然发展，包含着山体。如沈家坞、戚家场、陈家场村的聚落沿帘子山、马石山、杜背山自然发展将山体包含。

围合式的聚落多围绕在中部丘陵四周，呈条状围合山体。例如，后埠、前湾围绕在圣姑山、禹期峰四周。又如涵村位于笠帽山和凉帽顶之间，北边靠近太湖，而南面有缥缈峰阻隔，唯一的对外交通是其北部的环山公路。涵村整体呈现"丁"字形态布局，聚落中遗存较多历史建筑，整体形式、尺度和色彩保存着较好的传统地域特征（图2-9）。但随着交通状态、生产方式的变化，村民逐步向地势平坦地域外迁。

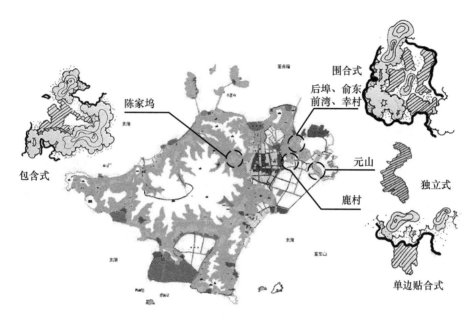

图 2-7　西山传统村落聚落—山体组合典型类别分布图

单边贴合式（图2-10）的聚落因山势走向、特性，独立性和开放性较强。例如，位于西山西北部的植里村（图2-11），西靠太湖，南临凉帽顶和大昆山，主要靠南部的环山公路与西山景区相连，其建筑群落受地形影响，植里村主要古道呈线状布局，并沿着水路方向往南生长，以靠近夏泾港，聚落单边贴合北侧山体。

独立式的聚落独立性和开放性极强。例如，蒋家巷虽离元山较近，却并不依附于元山。

（二）聚落—水体组合模式

聚落—水体组合模式即聚落或单独或聚集沿水体分布，以水体为中心形成生活空间。其具有以下几方面特点。

一是在西山景区不同尺度空间中，水体往往成为空间整体框架的组织者和骨干，是生产空间、居住空间和生态空间内在联系的主导要素。

二是聚落往往位于水体一侧，未出现环水体分布。

三是聚落呈网状排列，外围分支向四周发散，分布在东北偏中部、西南部地区。

四是聚落沿湖岸逐渐伸向内陆呈"之"字状，较均匀地分散在镇区四周。

聚落—水体组合模式又可以细分为组合集聚式、分支式、依附式和贯穿式四类具体模式。经过分析梳理，本书辨识了30种西山传统村落聚落—水体组合模式（图2-12、图2-13）。

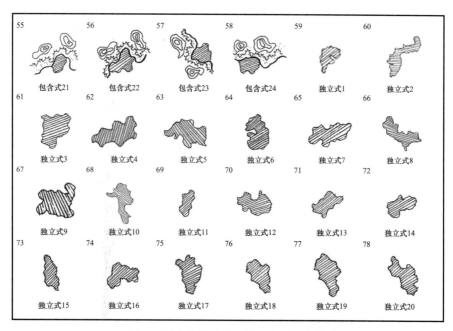

图 2-8　西山传统村落聚落—山体组合模式

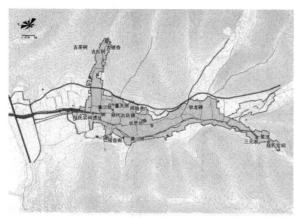

图 2-9　涵村平面图

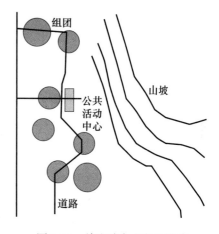

图 2-10　单边贴合式布局模式

图 2-11　植里村卫星图

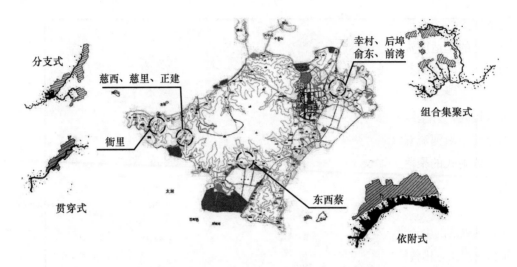

图 2-12　西山传统村落聚落—水体组合典型类别分布

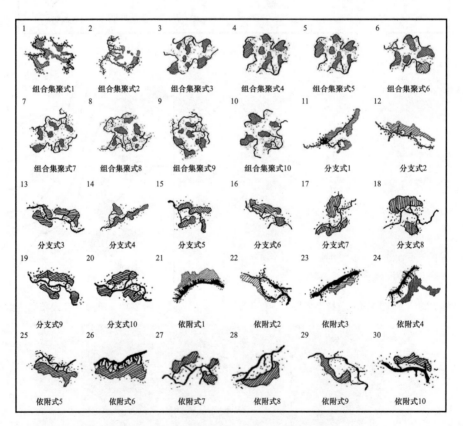

图 2-13　西山传统村落聚落—水体组合模式

组合集聚式的聚落，主要受地形地势的影响，村落之间的距离较远，每个村落的范围较为广泛，整体呈现出相互联系的由交通线串联的组团式格局。这种组团式格局表现为两个方面：其一，村落呈"点"状分布，各村落彼此形成镶嵌的分布格局；其二，村落的"面"状结构，呈现出各具特色的原生性景观特质形态。村落与村落之间在空间上的组合形态存在一定的内在规律，或集聚、或均匀、或随机。村落的空间分布遵循的是适应资源分布的原则，不同资源类型下表现出不同的空间格局。村落分布的均匀性主要是因为资源的均匀性，村落分布的集聚性主要是因为资源的非均匀性。

分支式的聚落主要是受水系、山体分布等自然因素的制约，沿着空间组织的轴线进行排列，并呈线状分布。例如，慈里、慈西、正建等聚落受河流的走向影响，呈现出分支、沿河流双侧或单侧排列。

依附式的聚落受到地形等因素的影响，沿着水体于临水一侧带状排列。例如，东西蔡村由于南侧为消夏湾，较大的水域面积使得聚落沿岸的一侧成带状分布。

贯穿式的聚落，例如，位于平龙山、石屋顶两山之间的角里村（图2-14）受两边山体影响，其聚落的生长骨架沿山间空间轴线南北向发展，主要街巷贯穿其中，村内主要的两个传统村落组团，由传统村落内的道路相联系。整体的景观空间形态呈现出组团式的格局。

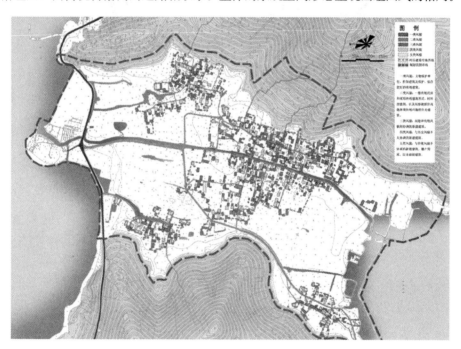

图 2-14　角里村布局形态

（三）聚落—湖岸组合模式

聚落—湖岸组合模式即聚落沿湖岸分布形成的空间关系形态。西山是太湖第一大岛，湖岸星点分布着各种大小不一的村落，依水而建，是生产生活的需要，也是交通和贸易的需要。这类模式主要具有两大特点。

一是聚落与湖岸连接紧密，湖岸周围较其他地方更易形成生态空间。

二是聚落与水运航线关系紧密，开放性强，独立性强。

聚落—湖岸组合模式可细分为环湖岸线式、近湖岸线式、连接式三类具体模式。经过分析梳理，本书辨识了60种西山传统村落聚落—湖岸组合模式（图2-15、图2-16）。

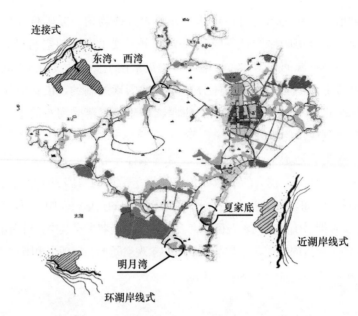

图 2-15　西山传统村落聚落—湖岸组合典型类别分布图

　　环湖岸线式聚落沿湖湾展布,面向湖湾,离湖岸线较近。例如明月湾聚落面向明月湾,贴合湖岸线。水网系统会对村落的布局产生深远的影响,其传统村落内街巷和建筑朝向平行于湖岸的走向,在湖岸的转弯处,传统村落一般布局在凸岸,因为凸岸土壤肥沃,而凹岸因湖水侵蚀,不宜设置。

　　近湖岸线式聚落沿湖湾展布,面向湖湾,稍远离湖岸线。丘陵地区传统村落依山而建,并根据山形走向而延伸生长。很大一部分原因是,山地自然条件限定了传统村落空间的发散。此类传统村落围合感很强,以自然山林为传统村落边界,形式比较自由。如夏家底的布局形态就是典型的此类布局模式。

　　连接式聚落多依水而建,根据水路的走向而展开聚落的发展。水网丰富的地区,聚落依河岸而发展;平原地区,聚落以传统村落主道路为组织构架而展开。

　　(四)聚落—农田—鱼塘组合模式

　　中华人民共和国成立前西山的农田有三种类型,一是沿太湖边的湖荡田,二是丘陵溪边梯形山田,三是平坦地形的块形农田。当时只要太湖水位超过吴淞水位 3.5 米,荡田就被淹没,颗粒无收,只要天旱一个月之久,山溪断水,山田水稻就枯萎,所以百姓有怨言"水大没荡田,旱干枯山田,十年九不全"。西山的山田大部分是抗战时期开挖成梯田的,老百姓挖掘种粮潜力,开垦山溪边低洼处筑山田。根据形状不同又分为块形、条形、网形、环形、指形、树枝形等,块形农田多分布于平坦地形,田面较宽广,节点处多为聚落点,呈组团发展。树枝形农田多处于山坞和沟谷中。

　　西山的鱼塘有沿湖边的湖岸型鱼塘和与农田关系紧密的农田型鱼塘。渔船聚集最多的是消夏湾和天王荡,旧时"消夏渔歌"是西山八景之一,天王荡边则有里渔池、外渔池两个传统村落,数量不多的渔池亦主要集中在这两地。中华人民共和国成立后水产养殖面积扩大，养殖种类以普通鱼类为主改为以特种水产为主，蟹、黑鱼、黄鳝、青虾、鳜为最多。西山鱼塘根据形状可划分为块形、网形、条形、环形、指形、散点形。块形鱼塘呈细胞形彼此紧密排列，塘基一般有农作物种植；条形鱼塘多呈较为整齐的单排或多排状；散点形鱼塘分散布于农田中，一般面积较小且形状不规则，间距不定；指形鱼塘底部多与河湖连接，一般单体面积较大，依附在湖岸边。

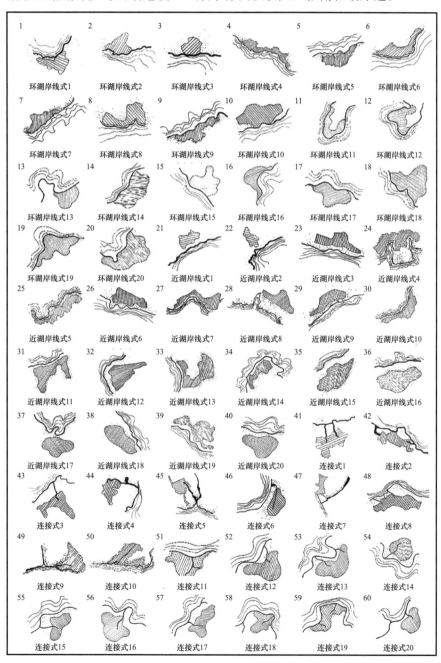

图 2-16 西山传统村落聚落—湖岸组合模式

西山景区滨湖低地具备充沛的水资源和肥沃的土地，聚落形态原生性景观特质也受以蚕桑、水产养殖为主的农业结构的影响，受周边环境因素制约而自然顺应地势。西山景区聚落与农田、鱼塘的关系紧密，偶有聚落不依附于农田、鱼塘独立存在。大致可分为四种组合方式：聚落—农田式、聚落—鱼塘式、聚落—农田—鱼塘式和独立式。经过分析梳理，本书辨识了30种西山传统村落聚落—农田—鱼塘组合模式（图2-17、图2-18）。

图 2-17　西山传统村落聚落—农田—鱼塘组合典型类别分布图

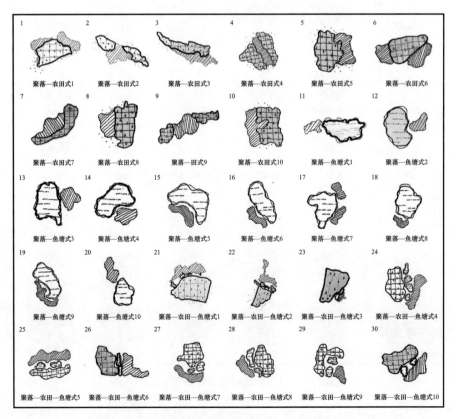

图 2-18　西山传统村落聚落—农田—鱼塘组合模式

其中，聚落—农田式中的聚落通常位于农田两侧，或沿着农田呈带状分布；聚落—鱼塘式中的聚落通常依附于鱼塘呈块状分布；聚落—农田—鱼塘式通常以农田为主、鱼塘为辅，农田面积较大、鱼塘面积较小，一般呈农田在外、鱼塘在内的形式；独立式则不依附于农田或鱼塘，独立存在。

（五）农田—水体（圩田）组合模式

圩田是江南丘陵地区常见的水田类型，在浅水沼泽地带或河湖淤滩上围堤筑坝，把田围在中间，把水挡在堤外，围内开沟渠，设涵闸，有排有灌。圩堤多封闭式，亦有其两端适应地势的非封闭式，水田连成片。西山自1955年起发动群众对湖荡田全面筑圩堤，共筑小圩60多块，总面积191公顷，一般堤宽2～4米，高出吴淞基面4.5～5.5米，圩堤总长20千米。1956年，西山群众利用滩涂围起了消夏湾大圩，面积157公顷。圩田大多种植水稻、三麦、油菜。西山大面积平地圩田，田面宽窄不一，局部田面上会分布有植被组团。圩田形态受水网影响较大，主要形状包括块形、环形、垂直网形、指形、拼接形。有些区域有河流穿插于田地中，将田块分割成多个单元，形成水塘散布形、镶嵌形等。

农田—水体（圩田）组合模式即人们依水开发农田形成的圩田空间形态，具体细分为穿插式、纵横穿插式、依附式、围合式四类。经过分析梳理，本书辨识了76种西山传统村落农田—水体（圩田）组合模式（图2-19、图2-21）。其中，穿插式组合模式中农田被水体穿插，呈小型块状；纵横穿插式组合模式中农田被密集的河网纵横穿插，呈网格状分布；依附式组合模式中农田沿河流呈狭长形带状分布；围合式组合模式中农田被水体环绕，或呈近圆形块状或长形块状。

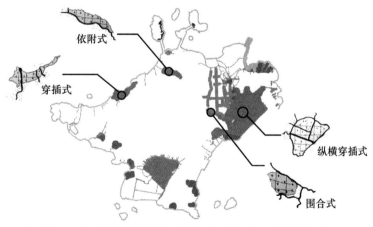

图2-19 西山传统村落农田—水体（圩田）组合典型类别分布图

借助谷歌地球（Google Earth）和AutoCAD软件，基于传统村落边界的遥感影像获取、清洗、解译并展开分析，建立原生性景观的图式数据库，从图式数据库中选取典型边界类型或将多种传统村落空间边界类型进行组合优化而生成最优空间，形成完整的原生性景观的图式语言，构建运用图式语言研究景观特质的方法。通过西山传统村落原生性景观特质典型空间的选取和识别，归纳了聚落—山体、聚落—水体、聚落—湖岸、聚落—农田—鱼塘、农田—水体（圩田）等 5 类 18 种组合模式的图式语言。希望每种各取其所长，避其所短，能将图式语言的方法论应用到具体的传统村落景观的保护规划中（图 2-21）。

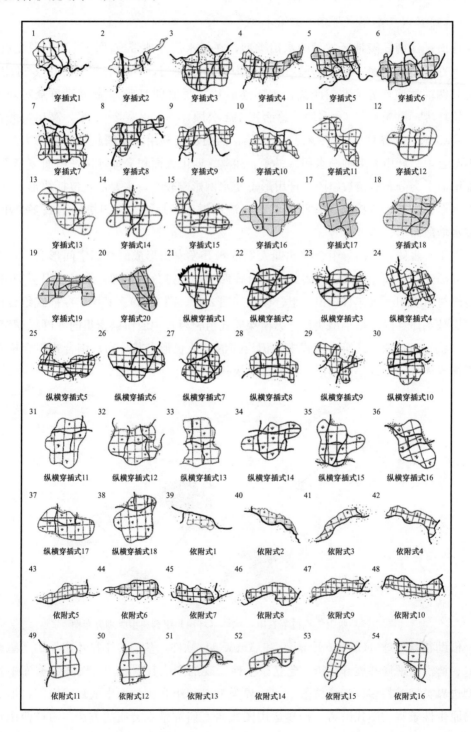

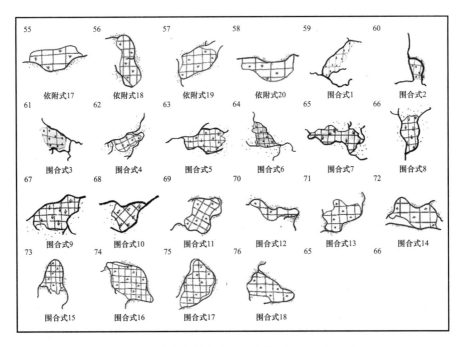

图 2-20　西山传统村落农田—水体（圩田）组合模式

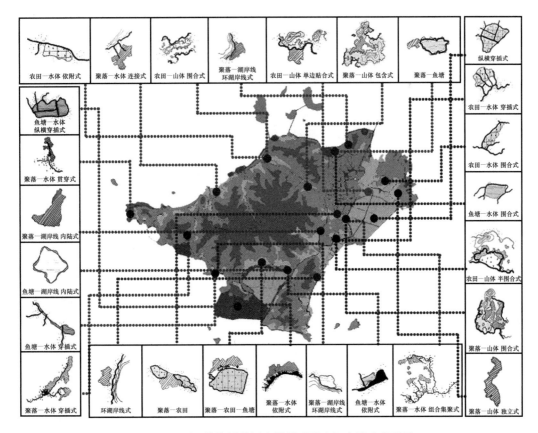

图 2-21　西山传统村落原生性景观形态组合模式索引图

第三章　传统村落原生性景观解析

传统村落原生性景观由诸多要素构成，本章在对传统村落原生性景观进行属性解析的基础上，按照基本形和群化体、骨格、标志物、边界等结构要素，基于分形学理论，通过分形维数值的计算及分析，对基本形和群化体在不同尺度层级上的结构化程度、复杂程度等进行量化解析；运用界面密度、贴线率、正面率等街巷形态参数量化方法分析典型传统乡村街巷肌理特征，以期为传统村落原生性景观保护与利用提供参考。

第一节　原生性景观属性解构

原生性景观可以按不同的属性进行分析解构，总体来看，主要存在四种属性解构方式。其中，根据几何属性进行解构，原生性景观可以分为点状、线状和面状三大要素；根据功能属性进行解构，原生性景观可以分为限制性和重复性两大要素；根据维度进行解构，原生性景观可以分为目标维、对象维及功能维三大要素。

一、几何属性解构

为更全面地把握原生性景观，深刻了解原生性景观内涵，应从几何属性入手，对不同维度方面的构成进行解析。

（1）点状要素。在几何数学理论中，点的作用是向心和定位。原生性景观特质意义上的点是最基本的构成单元，是最能体现原生性景观特质特征的要素。在原生性景观中，点状要素为原生性景观的标志物。例如，传统村落中具有鲜明时代印记的牌楼、门楼等标志性建筑，便是景观特质点状要素（图3-1）。

（2）线状要素。线状要素是指原生性景观几何属性中的条带状形态，为原生性景观的组织构建骨架，如在传统村落空间组织中起骨架引导及空间分割作用的街巷、溪流等（图3-2）。

（3）面状要素。面状要素主要是指原生性景观的面域空间，是原生性景观几何属性的重要构成部分。例如，传统村落空间组织中常见的水塘、林地、农田、聚落等属于原生性景观的面状要素。

传统村落景观是点状、线状及面状要素的有机融合，其空间组织是有机生长的。例如聚落这一面状要素，从形态学的角度来认知是由基本形、群化体层层嵌套的有机组合。

图 3-1　点状要素——巷门　　　　　　　图 3-2　线状要素——古街

二、功能属性解构

原生性景观的功能属性包括限制性要素和重复性要素两类。

（1）限制性要素。原生性景观的限制性要素是起结构性组织或总体控制作用的要素，是原生性景观的骨架脉络，形态学中称为"骨格"，对重复性要素起着分隔、组织和引导的作用，不轻易被改变。其主要包括自然山水格局、路网、水网、公共建筑轴线等（图 3-3）。

（2）重复性要素。原生性景观的重复性要素为重复出现的要素，是构成原生性景观的"单元形"，从形态角度看是基本形和群化体，它们构成了原生性景观的主体部分，具有重复性的面状特征，形成传统村落基底的大背景环境。其主要包括聚落、农田、林地、园地、苗圃等景观斑块的形状、尺度以及院落形态、街坊形态、街巷界面形式等，是传统村落景观中最为常见的人工和半人工景观。其不同的布局方式，形成了不同的原生性景观（图 3-4）。

图 3-3　限制性要素——水系　　　　　　图 3-4　重复性要素——聚落团块

三、研究维度解构

对原生性景观的研究，应重点研究目标传统村落的空间组织逻辑，利用技术手段进行参数分析，筛选有效数据，指导传统村落景观规划，在维护原生性景观不受破坏的前提下建设发展传统村落。据此，可将原生性景观研究维度划分为目标维度、对象维度及功能维度。

（1）目标维要素。原生性景观研究目标维的两大核心要素是传统村落传统景观的继承与发展。其中，传统村落传统景观的继承，是原生性景观研究的主要目标和主要目的。深入研究原生性景观应以此为基础，制定科学的传统村落建设规划条例，合理规划包括传统村落景观在内的传统村落建设内容，使传统村落历史、文化渊源及自然景观得到保护与延展。

传统村落景观的改善与发展是时代的必然，对世代居住于传统村落之中的村民来说，随着经济发展和社会变迁，生活方式得到较大转变，其对提高生活水平及生活质量的诉求日益强烈。这种由时代变革倒逼的传统村落发展是客观所需，应科学有序地展开。针对这一问题，习近平总书记在党的十九大报告中提出的乡村振兴战略，正是致力于谋划传统村落的科学、健康、可持续发展，以期重现传统村落的美丽风貌。

而传统村落的发展，也是原生性景观研究的重要目标。因此，通过原生性景观的研究，可为传统村落可持续发展提供强有力的依据，有助于在传统村落景观规划建设进程中，既能保证原生性景观的延续，又能提升人居环境和生活水平。

（2）对象维要素。原生性景观研究对象维要素是指由聚落、山体、水体、农田、鱼塘等构成的原生性景观的各种环境要素。对象维是传统村落景观肌理研究中最直接最真实的研究单元，它是原生性景观研究的基础。

（3）功能维要素。功能维要素主要有成果应用和成果转化两大类。其中，成果应用类主要体现在为拟制传统村落景观规划方案提供更加精准的基础资料，为评价传统村落景观规划方案提供量化手段，为管理控制原生性景观形态提供依据等方面；成果转化类主要体现在转化为传统村落景观规划设计原则，转化为传统村落景观规划设计图式和数据等方面（图3-5）。

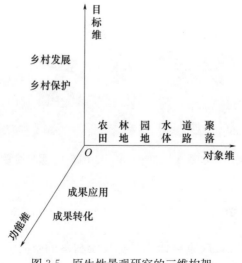

图 3-5　原生性景观研究的三维构架

第二节 原生性景观结构解析

根据构成理论，可将原生性景观抽象为文化要素和形态要素。文化要素是指内隐的，仅于意识层面可感受到的要素。形态要素是指村落空间中的物质形态，由骨格、基本形和群化体以及标志物等组成，对这些形态要素的密度、尺度、相似度、细度和清晰度等方面特征可进行量化分析。下文重点从形态要素方面对村域级原生性景观构成进行拆解。

一、基本形和群化体

基本形和群化体是艺术设计学理论中的概念。基本形是指可以被重复或彼此相关联的"形"。村落里的基本形较多，比如村落中的建筑屋顶。群化体是指多个有一定的关联的"形"经过了群化之后形成的综合体。基本形通过群化组合构成群化体。根据不同尺度层级，两者可兼具，呈递进模式。在西山村域级原生性景观研究中，基本形和群化体主要指建筑聚落基本形和群化体，可从大到小层级拆解为聚落体、建筑团块、院落空间、单体建筑，相邻两者之间都互为群化体与基本形关系，即单体建筑为基本形，院落空间为群化体；院落空间为基本形，建筑团块为群化体；建筑团块为基本形，聚落体为群化体，层层嵌套。

二、骨格

骨格在原生性景观组成要素中发挥重要的作用，是最能反映原生性景观特征的要素。骨格分为规律性和非规律性两大类，规律性骨格具有严谨的骨格线。骨格排列形态的变化主要由骨格线的宽窄、方向以及线型等因素的变化而引起。原生性景观的骨格主要是传统村落道路，它是连接传统村落标志物和边界的重要手段，呈现出多样化的空间结构。

传统村落道路一般分为两大类：街和巷。街和巷构成传统村落纵横交错的交通网络。其中，街是主要交通道路，类似于主动脉，具有快速通过的功能；巷是辅助交通道路，类似于毛细血管，主要起到分流人群及连接住所的作用。街比巷要宽，是一个相对开放的空间，两侧建筑一般要比巷两侧建筑更整齐；巷一般比街狭窄，是一个相对封闭的空间。街和巷是传统村落空间形态的骨架和支撑，既是传统村落对外交流的通道，又是传统村落内部各节点之间的纽带，也是传统村落居民来往的路径。

三、标志物

标志物是指传统村落中有吸引力的承载历史文化的点状物及其空间。例如，宗教建筑、古树、古井、广场、桥、牌楼、门楼、码头等。这些"点"空间大都具有象征仪式的意义，且它们起源悠久，很多都可追溯到村落建成初期。

村落多形成以礼制建筑为"核心"的空间分布。此类"核心"在采用聚族而居的方式的传统村落中，表现为祠堂、寺庙等，它们不但是村民心理场的关键，而且还是传统村落分布的逻辑核心以及标志性建筑。从空间整体格局分布来说，传统村落空间主要以祠堂、寺庙和附属的广场、水塘、戏台为核心。肃穆、庞大的祠堂、寺庙，不但成为传统村落空间布局的核心，而且还是当地村民心中的核心，它们无论是在高度还是规模上都较突出。传统村落其他空间以它们为中心，环绕分布。有些祠堂、寺庙分布于村口，有利于村子与外界的沟通。

除了祠堂，西山内的街巷、水井、码头、桥梁、树木、墓葬及建筑都具有深厚的历史文化底蕴，古店铺、院落民居、名人故居、私家园林等重要历史建筑类型众多。其中，宋代的角里村禹王庙楠木大殿、明代的涵村古店铺、东村楠木栖贤巷巷门、明月湾村独特的青砖斜砌扇形墙体房、清代的堂里村仁本堂精细木砖雕刻的雕花楼、沁远堂雕花大厅、东村"四门楼六进"敬修堂等都是最具代表性的传统建筑，还有 80 余株树龄超过 200 年的银杏树。

四、边界

传统村落景观各个要素单元之间也会相互作用，彼此影响，产生一定程度的边缘效应。关于边缘效应，生物学中给出了明确的定义，即指两个或者多个不同种群接壤处，由于不同的物种之间生活环境产生了一定程度的交叉，使原本简单的种群结构变得复杂，从而导致某些种群特别活跃。

因此，原生性景观的构成除了骨格、基本形和群化体、标志物外，还包括各要素单元之间的边界。这里所说的边界，主要是指相邻两个传统村落景观要素单元的交接部分。

传统村落景观要素单元的边界，是要素单元间的交汇范围，其形态与存储的信息较单要素更为丰富多样。例如，在建筑团块形态上，当山体、水体等周边环境形成较强的制约时，在建筑团块周边建造的单个独立的建筑的布局相对来说就比较密集，其边界线显得比较清晰；反之，当山体、水体等周边环境的制约作用不强时，在建筑团块周边建造的单个独立的建筑的布局相对来说就比较疏松，其边界线显得比较模糊。此外，传统村落景观不同要素单元之间的边缘效应与其边界长度相关，边界线越长，边缘效应越突出。

（一）边界的变化性

边界的变化性主要体现在时间轴上传统村落景观要素之间的空间博弈过程。以传统村落建筑要素为例，建筑与街巷的边界变化是二者在不断发展过程中相互影响塑造而成的，一方面，建筑的建造对街巷边界预设了障碍，另一方面，街巷的修建也限定了建筑边界。除了与街巷之间存在边界，建筑与农田、山体、水体等之间也有边界，这些边界的变化，即建筑与其他要素之间的空间博弈不尽相同。其中，与以农田为代表的自然要素相邻，建筑边界的变化富有弹性；与以山体为代表的强势制约要素毗邻，建筑边界的变化缺乏弹性；若遇到悬崖等无法跨越的要素，建筑边界变化则难以发生，这一边界会成为停滞的界限，此时的边界线十分明显且稳定。

（二）边界的复杂性

边界的复杂性形成原因主要在于不同要素单元对边界形态的控制与影响程度不同。一方面，一些要素单元自身形态比较复杂，对边界控制和影响力较大，如山体和水体等，使得其与其他要素单元之间边界具有复杂性；另一方面，相关要素单元边界控制和影响力不大或相当，从而形成了你中有我或我中有你的复杂边界，具体表现为不同要素单元在边界范围上的二维或三维平面中所呈现出的丰富多样的进退与交融关系。

第三节　原生性景观形态分形解析

传统村落原生性景观特质以建筑聚落原生性景观特质为底，通过街巷道路原生性景观特质的划分，形成团块原生性景观特质，由院墙分割形成院落原生性景观特质。传统聚落的基本形和群化体，可按层级从大到小拆解为聚落体、建筑团块、院落空间、单体建筑，相邻两者之间关系都为群化体与基本形的关系。空间景观特质图解如图 3-6 所示。

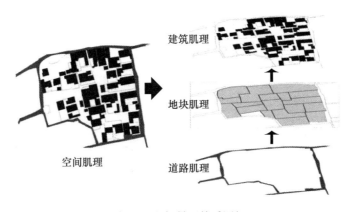

图 3-6　空间景观特质图解

一、"基本形—群化体"村落原生性景观特质结构化分析

（一）单体建筑

（1）平面原生性景观特质。从高空垂直向下看，单体建筑的平面原生性景观特质反映的是建筑屋顶形状的特征。建筑屋顶的形式具有显著的地域差异性，尤其与气候条件有密切关联，同时也会受到宗教文化的影响。例如，现在大多数塔楼、庙宇屋顶常采用金字塔顶的形式。而就屋顶来说，也有多种不同的形式，包括平屋顶、双坡、单坡、四坡等。

（2）立面原生性景观特质。通常，受当地地域文化、民俗风情等因素影响，一个村落中大多数民宿的建筑外观和立面原生性景观特质均能够体现出当地特色，并且在材料的使用、房屋的色系、建筑形式等方面大都会表现出相似性。

建筑立面的空间要素大致包含了三个方面，即台基、屋身和屋顶，窗、阳台、门等部件构成整体建筑的屋身。根据上述部件的面积比来看，对整个建筑立面原生性景观特质影响较大的是台基和屋顶，所以它们大致可以表征建筑物立面的宏观性、原生性景观特质。

① 屋顶。明清时期苏州住宅厅堂大多为硬山式，有风火山墙，正脊用砖瓦叠砌，做纹头脊（屋脊两端翘起做各种花纹）或哺鸡脊（屋脊两端做成鸡形装饰）（图 3-7）。

图 3-7　西山建筑屋顶

② 山墙。苏州山墙是历史比较悠久的一种墙体，墙面的色系搭配主要是青灰瓦和白墙，给人以清新淡雅的感觉，随着历史变迁和时间演变，墙面也随着风吹雨打、日晒雨淋而显现出丰富多彩的细微变化。山墙顶部处理变化较多，形成丰富的天际轮廓线。墙体上部还有石匾嵌入，下部常辅以假山盆景，宛如大型的水墨画卷（图 3-8）。

图 3-8　西山建筑山墙

③ 台基。牌石、台阶、柱础等多为石作，除满足功能需要外，造型与饰纹也很丰富，装饰效果强（图 3-9）。

图 3-9　西山建筑牌石、台阶、柱础

④ 门。门的形式丰富多样。对于大部分的民居来说，设计一个独立的门厅是必不可少的。在厅堂的内部，门扇多是木头做的木花格，在院墙上留取门洞的形式更是司空见惯。此外，门头的样式有很多种类，考究者多施砖雕，材料有条石也有用砖砌的（图 3-10）。

图 3-10　西山建筑的门

⑤ 窗。木格花窗多见于较大规模的民居厅室，花格纹样有简单的方格纹，也有图案丰富的几何纹，窗面一般裱纸或绫，近代后也有用玻璃。普通民居多在墙上开直棂窗，窗面裱纸（图 3-11）。

图 3-11　西山建筑的窗

不受外力干预的、自发演化生长的传统村落，其建筑物每层的高度通常来说是不确定的、不标准的，案例中传统村落的每层建筑高度主要集中在 2.8～4.0 米，平均值约为 3.4 米，就村落原生性景观特质丰富程度来说，建筑层高也是重要的影响因素之一。

（3）建筑表皮原生性景观特质。通常所说的建筑表皮原生性景观特质是指建筑材料和材质所表现出来的外观，这种外观一般是经过一定规则和秩序组合的。村落居民在建造自己的民居时，为了方便快捷，所采用的建筑材料大多来源于本地区，所以在同一个村落和邻近的区域内，建筑采用的材料和建筑风格大同小异。此外，基于原材料来源于本土的特质，虽然在使用之前会经过简单的工业加工，但最后所展现出来的原生性景观特质与自然环境之间仍然存在着不可分割的联系，这也从另一个方面彰显了人与自然的和谐。

（4）建筑朝向的特征。通过查阅与建筑朝向有关的文献，村落建筑朝向大致可以归纳为以下三种：第一，建筑物的所朝方向为村落中的宗祠，这与本地的习俗和宗族文化密切相关；第二，建筑物的朝向与地域条件、环境气候有关，北方通常比较注重建筑的围合，而南方则没有这方面的顾虑，大多朝向南；第三，风水文化也是决定建筑物朝向的重要因素之一，这种情况下，朝向一般要因地制宜。对于前两种朝向，朝向相对来说统一性较强，没有很大的变动，第三种情况则恰恰相反，建筑朝向完全受自然环境条件影响，缺乏规律性，整体呈现离散型状态。建筑方向的宏观特征主要有以下几个方面：在同一个村落中，大部分民居的朝向是相同的，比如某一个村落民居都朝南方，包含着正南、东南等；第二个就是民居朝向具有一定的适应性，即与地块形状相接近。除此之外，通过调研还发现，相对于主体建筑来说，附属建筑物的朝向一般更加自由，不受太多外界因素的限制。本章村域定量分析部分用"正面率"指标对街巷两侧建筑的朝向进行量化，反映街巷与其朝向之间的关系。

（二）建筑院落

建筑院落是由若干栋单体建筑和墙、廊等围合成的建筑空间，是传统村落空间的重要组成要素。在中国传统村落传统生活方式中，建筑院落承担了很多重要生产和生活功能，一方面，它是饲养家禽、进行农作物种植的主要区域，另一方面，它也是村民平时休闲娱乐、交流沟通的主要空间。这些功能要求对建筑院落形态结构等产生了重大影响。

中国地域广阔，各地不同的地域和气候特点以及风俗习惯，形成了多种建筑院落样式。但总体上看，各地建筑院落形态差别较小，多呈现为方形或类似方形的建筑平面图形，主要有合院式和厅井式两大基本类型，包括二合院、三合院、四合院等三种基本模式（表3-1）。其中，北方地区以合院式为主，南方地区以厅井式为主。

表3-1 合院的基本模式

院落基本模式	院落构成	图形	合院示例
四合院	四面单体建筑		
三合院	三面单体建筑一面院墙		
二合院	两面单体建筑两面院墙		

北方地区合院式建筑院落的典型代表是北京的四合院，其格局比较规整，通常中间是一个比较方正的院落空间，建筑围绕中间的院落空间沿周边建造布局。

南方地区厅井式建筑院落与合院式建筑院落有所不同，其院落空间较小，周边建筑屋面搭接且屋檐较高，呈现类似井口的空间形态。皖南民居是厅井式建筑院落的典型代表，除了具备井口空间形态与建筑细节更加精美，其空间格局通常比北京四合院更细长。西山所在苏州地区的建筑院落也比较有特色，其独特的建筑形态不仅拥有浓厚的底蕴和文化气息，也形成江南的代表性建筑。院落住宅是苏州众多民居建筑中最大、最多、最广泛普遍的类型，是苏州居住文化的地域特征体现。

以太湖西山为例，建筑院落是古民宅中最为常见的结构，有明显的主轴线，大型住宅为四进以上，正落则依序为照墙—门厅—轿厅—大厅—楼厅—界墙，两侧还有对称的厢房等。这一设计构造有着显著的传统理念渗透和影响，例如"长幼有序""孝敬父母""男女有别"等。目前西山规模最大、保存较好的古民宅是东村的敬修堂，共六进，依次为门间、轿厅、客厅、大厅、堂楼（凤起楼）及后进，其厅堂均为两层楼房，宽敞高大，相邻厅之间均由天井相连，布局紧凑美观。轿厅，顾名思义，就是出入停轿的场所；前厅用来接待客人；一些红白之事或是祭拜祖先均在大厅中进行；一家人的起居生活是在楼厅进行（图3-12）。本书对西山几个典型代表村落的建筑院落模式进行归纳整理，以便直观反映建筑院落的多样化（表3-2）。

图 3-12 东村敬修堂节点

表 3-2 西山院落模式总结

西山院落模式	图形
甪里村 院落模式	

西山院落模式	图形	
东村院落模式		
植里村院落模式		
明月湾村院落模式		

　　西山的村落建筑群，由于受当地地形影响，并没有传统建筑院落那样规则整齐，不仅减少了房间的数量，而且某些院落的大小也会有所改变。特别是在转弯处和地形变化较大的区域，当地居民为了能够实现自己的理想化居所，有意识地对院落进行扩

大或者缩小，这带来整体院落尺寸的无序化，院落形态由传统方正的"口"字形扭曲为变形的"口"字形（图 3-13）。

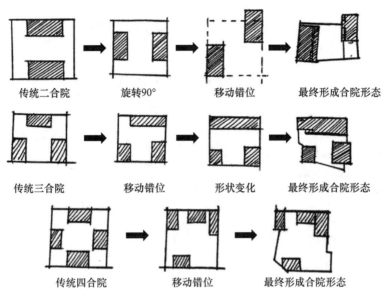

传统二合院	旋转90°	移动错位	最终形成合院形态
传统三合院	移动错位	形状变化	最终形成合院形态
传统四合院	移动错位		最终形成合院形态

图 3-13 受环境影响的建筑院落形态

调研发现西山很多村落建筑建成时间早，但随着时间变迁，由于缺乏有效的保护，建筑遭受很大程度的毁坏，破坏了整个建筑院落结构的完整性。现存的建筑院落以三合院和四合院为主，二合院已经比较少见，一些村落建筑破坏严重，只能通过残存的院落轮廓分辨其院落形态。

通过研究发现，受地形因素影响，处于非平原地区的西山建筑院落布局设计一般都依据地势，与等高线垂直或平行。如果整个地理空间的面积足够大，那么在组合方式上会更自由，主要以满足村民需求为出发点。虽然没有严格特定的规范，但通常比较规整。如果空间范围有限，院落组合方式就与别处大不相同，很多时候会因为地形等原因，减少单体建筑数量，甚至选择不利的朝向，由传统的南北向调整为东西向。

建筑院落一般结合地形条件和村民的个人偏好布置。根据院落空间与建筑空间之间的位置关系，也可划分为前院式院落、后院式院落、前后院式院落、侧院式院落、内院式院落。

（三）建筑团块

城市中各建筑团块交通联系主要靠城市街道，大部分建筑团块直接与城市街道相连。同样地，传统村落大部分建筑团块的交通主要依靠建筑之间退让出来的"巷道"联系。但与城市街道相比，这些"巷道"密度高，交错复杂，若将"巷道"算入村落街巷体系，并作为地块团块划分的依据，则划分出来的地块团块数量非常多，规模很小，与合院空间差别不大，缺乏研究意义。因此，本书采用浙江大学童磊博士论文中对地块组团的划分方法，将建筑团块定义为由建筑聚落边界、自然要素边界（水体、山体等）、传统村落主道（非"巷道"）边界围合成的地块的集合。建筑团块具有以下基本特征：①各建筑团块排列是延续的；②每个建筑团块连接着同一条街道；③每个建筑团块在这条街道上都能形成出入口。

按组合方式划分，传统村落建筑团块可分为网格型、内退型和骨架型三类，其详细特征和案例原型见表 3-3。

表 3-3　各村建筑团块各类型图示

类型	网格型	内退型	骨架型
特征点	①团块面积较大，内部细分地块较多；②内部细分地块大多不与街巷直接相连，内部以"巷道"交通为主；③团块形成时间较长	①四周被街巷围合；②内部地块大多与街巷直接相连；③中心以农田、池塘、菜地等为主	①通常分布于聚落边缘，或者受山体等地形影响的区域；②通常与街巷直接相连；③大多为带形
类型图示	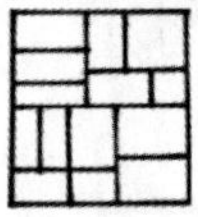		
明月湾村	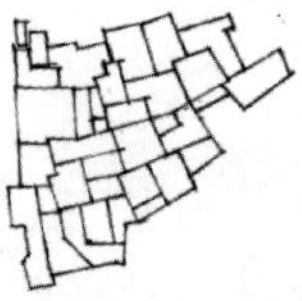	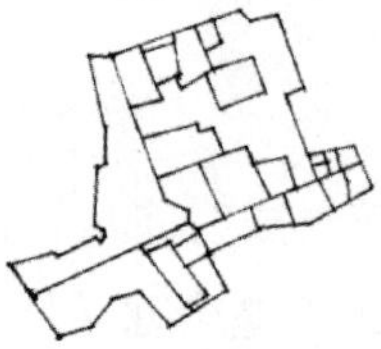	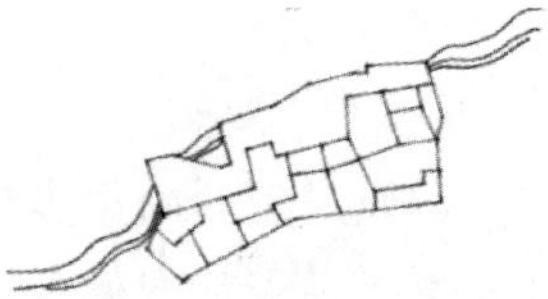
东村	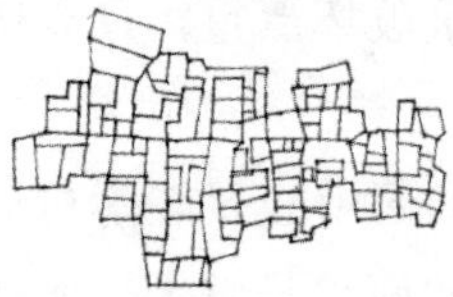	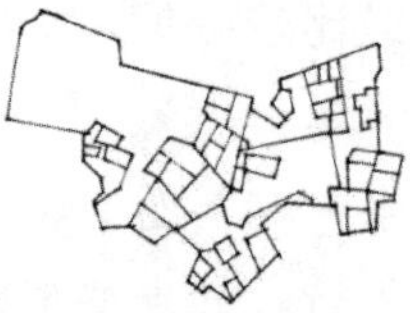	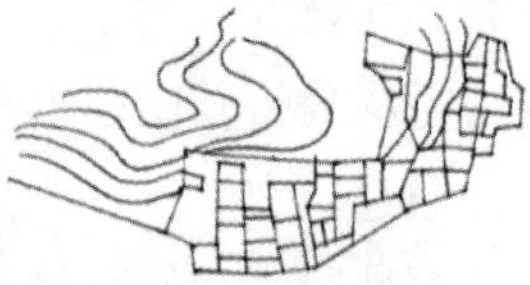
角里村	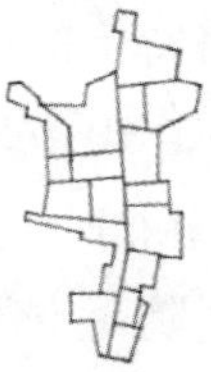	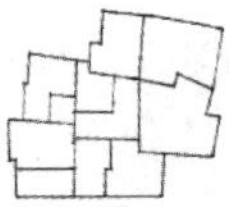	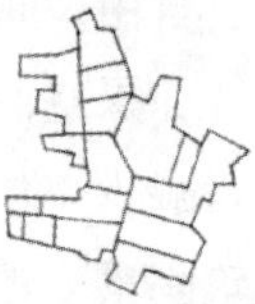
植里村	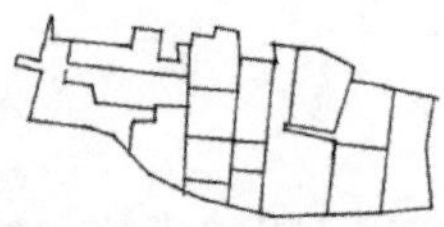	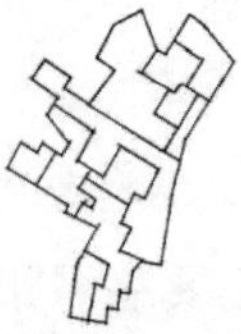	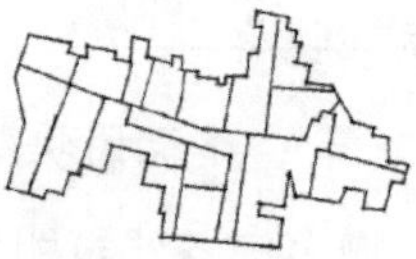

（四）建筑聚落

建筑聚落具有狭义和广义之别，本书所提到的建筑聚落专指狭义上的聚落，即以房屋建筑为主要的物质形态的聚居集合体。建筑聚落是村域级原生性景观特质中最核心的、同人类关系最紧密的一种要素。

传统的村落建筑，一般来说，是由个体的独立建筑逐步发展成为村落，即遵循自下而上的原则，而不是自上而下的整体规划，所以自组织性是传统村落建筑聚落最显著的特征。首先，无论是在占地面积，还是在建筑物的朝向上，都存在一定程度的差异；其次，建筑聚落同紧密相连的山体、水体、农田等环境要素相互博弈，建筑聚落在这一过程中表现出不规则性，进而影响整体建筑原生性景观特质的规整性。相对来说，整体结构致密，单体之间秩序性较强的建筑聚落，显现出更为明显的空间规则性；空间不规则的多是整体结构稀松疏远、个体建筑之间秩序联系较弱的聚群。因此，聚落空间形态的一个重要特征便是整体聚落的不规则程度。

基于不同的研究视角，对于村落建筑聚落的分类和形态有不同的描述。其中，依据建筑聚落群的疏密程度，可划分为散居型、聚集型及松散团聚型；依据交通体系将形态划分为网络型、树枝型等。西山传统村落从整体村落建筑聚落的边界形状上看，可分为带状形态和面状形态（表3-4）。

表3-4 西山传统村落建筑聚落原生性景观特质形态

带状形态		面状形态	
 东村	东村位于西山北部，背山面湖，布局结构最为经典和规整。村落整体形态受地形影响，沿一条主街两侧布置，平面表现为较规则的带状	 明月湾村	明月湾村位于西山南端，南临太湖、北靠山麓、山抱水湾、水衔青山。其院落布置为面状形态，整体性较强，地势顺应地形，从山体向太湖渐低
 植里村	植里村位于西山北部，村落沿一条主街分布，以东西向的植里村街和南北向的永丰街为主，是较为明显的带状形态	 甪里村	甪里村位于西山西部，街巷以东西向的牌楼街和南北向的郑泾街为主，院落集中布置不分散，呈现出一种面状形态

二、聚落原生性景观特质分形解析

建筑聚落原生性景观特质是指建筑本体之间组合而成的空间关系，包括建筑基底形态及三维立面原生性景观特质（层数、高度、墙面、门、窗等构件的材料与形态）。本节采用分形方法对建筑基底形态进行计算和空间分析。

（一）基于分形学的聚落原生性景观特质定量分析可行性论证

作为一种补充相关空间形态特征的手段，分形主要通过非整数维数来实现对空间形态特征的描述。它适用于整体图形并不规则，但又有规律可循的情况。

传统村落的边界通常没有什么规律可循，比较复杂。西山传统村落也是如此，其空间形态整体而言层次丰富且没有规则。但从另一个角度看，又有规律可循。比如，上文中提到的西山传统村落中的每个建筑物的空间是有规律的，可以看作一个基本单元形。尽管各建筑本身存在着尺度上的不同，但大多数都是以矩形院落为中心的。

由聚落虚实边界所围合的空间大小——无论是聚落之间的整体形态，还是单个建筑物到合院建筑形态，都有一定程度的相似性。

上述分析表明分形理论可以用来研究传统村落的空间结构，分形图像与聚落具有共同特点。

第一，自相似性。图形相似性主要是指部分系统的结构与整体相似或一个系统内的研究因素从不同角度或研究方法来看存在相似性。同时，一个系统内，整体与局部之间、局部与局部之间、整体与整体之间，是可能存在一定相似性的。只是，这种相似性并非一致性，以整体与局部之间的相似性为例，并不是局部放大后就能与整体完全重合。此外，许多东西之间都有相似性，可能是整体与其他事物整体相似，可能是局部与其他事物整体相似，也可能是局部与其他事物局部相似。

第二，迭代生成性，用来描述分形的生成机制。欧洲科学家海格里·冯·科赫（Helge Von Koch）提出的分形案例中的雪花曲线就包含了严格的迭代生成性。观察这个曲线能够发现，其面积不断变化，曲线永不相交，曲线无限长，而传统二维的数学方法不能测量这一复杂对象的长度。经过迭代生长发展起来的传统聚落，在最初阶段也是简单孤立的建筑物，随着时间向前推移，建筑物按照一定规律开始发展，促进旧的变量不断演化生成出新值，在此意义上，这就是一种迭代生成性的代表。

第三，标度不变性。任何一个事物的描述都离不开衡量这个事物的尺度，在进行对比时，应加入一些能够衡量尺度大小的特征尺度。如果没有尺度就很难确定所要描述的事物范围，但研究对象的图形特性不会随着考察量的变化而发生，即所谓标度不变性。一般认为具有标度不变性的事物是具有自相似性的简单几何事物，对聚落来说，从最简单的单个建筑到街巷聚落的组成，伴随着不同观察尺度的变化，它在图形中的特性大体保持不变，这也是传统村落自组织形态能够发展并传承的重要原因之一。

（二）典型聚落原生性景观特质分形定量分析

在对原生性景观进行量化的过程中，单独研究其中的建筑聚落基底，每一个建筑聚落都会得到一个平面图斑，这些平面图斑的形状通常是不规则的，适合采用分形学理论进行分析。传统村落中，从单体建筑到合院空间，到街巷划分的建筑团块，再到整个建筑聚落都具有自相似性。因此，接下来采用分形学理论对四个村落进行依次量化分析。

1. 明月湾村

明月湾村建筑聚落图斑如图 3-14（a）所示。明月湾村建筑聚落分形维数计算见表 3-5。

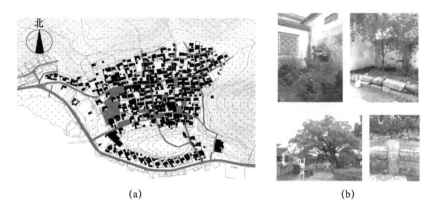

(a)   (b)

图 3-14 明月湾村建筑聚落概况

表 3-5 明月湾建筑聚落分形维数计算

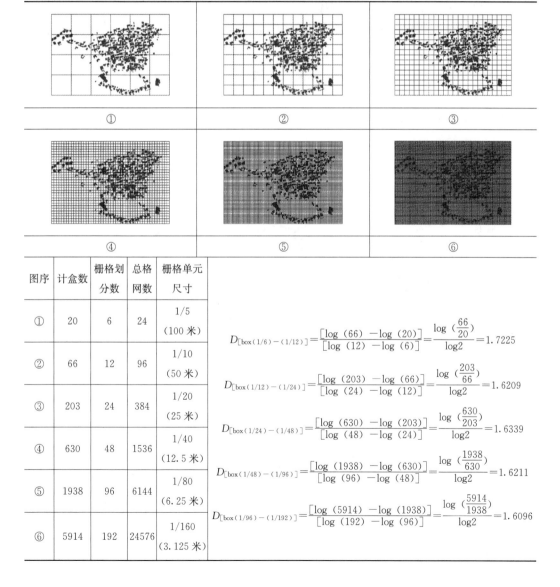

图序	计盒数	栅格划分数	总格网数	栅格单元尺寸
①	20	6	24	1/5 (100 米)
②	66	12	96	1/10 (50 米)
③	203	24	384	1/20 (25 米)
④	630	48	1536	1/40 (12.5 米)
⑤	1938	96	6144	1/80 (6.25 米)
⑥	5914	192	24576	1/160 (3.125 米)

$$D_{[box(1/6)-(1/12)]}=\frac{[\log(66)-\log(20)]}{[\log(12)-\log(6)]}=\frac{\log(\frac{66}{20})}{\log 2}=1.7225$$

$$D_{[box(1/12)-(1/24)]}=\frac{[\log(203)-\log(66)]}{[\log(24)-\log(12)]}=\frac{\log(\frac{203}{66})}{\log 2}=1.6209$$

$$D_{[box(1/24)-(1/48)]}=\frac{[\log(630)-\log(203)]}{[\log(48)-\log(24)]}=\frac{\log(\frac{630}{203})}{\log 2}=1.6339$$

$$D_{[box(1/48)-(1/96)]}=\frac{[\log(1938)-\log(630)]}{[\log(96)-\log(48)]}=\frac{\log(\frac{1938}{630})}{\log 2}=1.6211$$

$$D_{[box(1/96)-(1/192)]}=\frac{[\log(5914)-\log(1938)]}{[\log(192)-\log(96)]}=\frac{\log(\frac{5914}{1938})}{\log 2}=1.6096$$

由表 3-5 可知，明月湾村分形维数值分别为 1.7225、1.6209、1.6339、1.6211 和 1.6096，由于 D 的理论值在 1.0~2.0，1.0、2.0 分别表示复杂度最低的正方形图形斑块、复杂度最高的图形斑块。高于 1.5046、低于 1.3794、在两者之间，分别属于高、低、中分形维数区。可见，明月湾村属于高分形维数值范围，说明其结构化较强，存在较多的界面围合，对空间的填充能力较强，意味着通过较少的空间就能组织起较多的建筑，从平面图斑也可以看出村落的整体空间形态较为复杂。尤其在 100~50m 这个层级上，分形维数值高达 1.7225，说明明月湾村建筑聚落整体原生性景观特质与外环境之间保持着较高的致密程度。

就整体形态方面来看，明月湾村在各尺度层级上分形维数值都较高，表明其分形特征突出。在尺度层级 50~25m、25~12.5m、12.5~6.25m、6.25~3.125m 的分形维数值都相差甚小，表明其高度相似，具有较高的层级复杂度和延续性。但在尺度 100~50m 层级范围内，相应的数值表现出较大的差异，延续性较差。

主要反映为：该村的平面图斑分形维值的最高值出现在尺度层级 100~50m 的范围之内，为 1.7225；而最低值出现在 6.25~3.125m 范围内，为 1.6096。从总体上看，该数值处于波动的状态，且最高和最低值二者间有着较大的差距，相差 0.1129。

2. 东村

东村建筑聚落图斑如图 3-15（a）所示。东村建筑聚落分形维数计算见表 3-6。

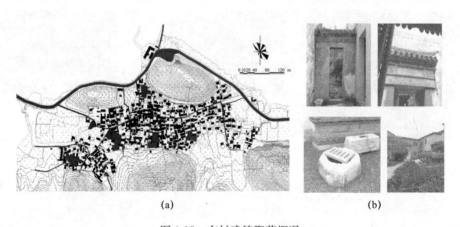

(a)　　　　　　　　　　(b)

图 3-15　东村建筑聚落概况

由表 3-6 可知，东村的分形维数值分别为 1.6020、1.6567、1.6516、1.5798、1.5655，最大值与最小值相差 0.0912。平面图斑分形维数最大值出现在尺度层级 50~25m 范围之内，为 1.6567，说明该尺度聚落结构的致密度较高，有着极强的空间感，对其公共空间展开剖析颇具价值，而尺度层级越小，分形特性越突出，复杂度越高，空间也更加丰富。最小值出现在尺度层级 6.25~3.125m 的范围之内，为 1.5655，说明这个尺度层级的视觉信息相对来说空间感受力较弱，所对应的单体建筑之间结构性较弱，但并未影响空间的丰富性。可见，基于空间形态视角，该村在发展过程中始终维持着较好的秩序与稳定性。结合前文东村的调查研究照片，这证实了其具有十分发达的街巷系统，空间指向性十分清晰，且变化多端，空间场所感极佳。

表3-6 东村建筑聚落分形维数计算

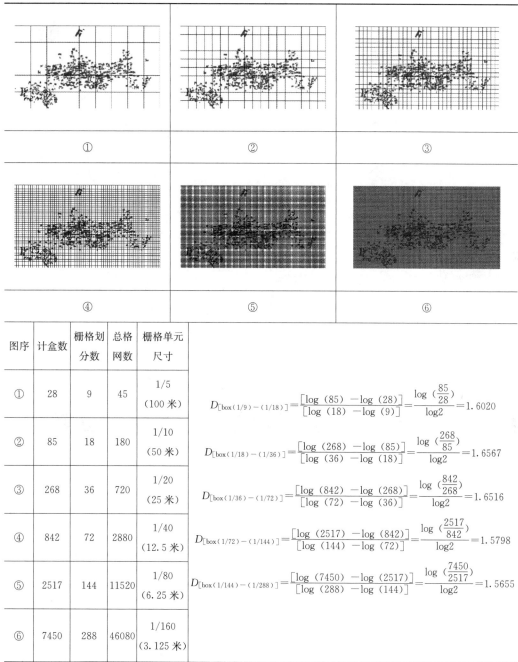

图序	计盒数	栅格划分数	总格网数	栅格单元尺寸	
①	28	9	45	1/5 (100米)	$D_{[\mathrm{box}(1/9)-(1/18)]}=\dfrac{[\log(85)-\log(28)]}{[\log(18)-\log(9)]}=\dfrac{\log(\frac{85}{28})}{\log 2}=1.6020$
②	85	18	180	1/10 (50米)	$D_{[\mathrm{box}(1/18)-(1/36)]}=\dfrac{[\log(268)-\log(85)]}{[\log(36)-\log(18)]}=\dfrac{\log(\frac{268}{85})}{\log 2}=1.6567$
③	268	36	720	1/20 (25米)	$D_{[\mathrm{box}(1/36)-(1/72)]}=\dfrac{[\log(842)-\log(268)]}{[\log(72)-\log(36)]}=\dfrac{\log(\frac{842}{268})}{\log 2}=1.6516$
④	842	72	2880	1/40 (12.5米)	$D_{[\mathrm{box}(1/72)-(1/144)]}=\dfrac{[\log(2517)-\log(842)]}{[\log(144)-\log(72)]}=\dfrac{\log(\frac{2517}{842})}{\log 2}=1.5798$
⑤	2517	144	11520	1/80 (6.25米)	$D_{[\mathrm{box}(1/144)-(1/288)]}=\dfrac{[\log(7450)-\log(2517)]}{[\log(288)-\log(144)]}=\dfrac{\log(\frac{7450}{2517})}{\log 2}=1.5655$
⑥	7450	288	46080	1/160 (3.125米)	

3. 植里村

植里村建筑聚落图斑如图3-16（a）所示。植里村建筑聚落分形维数计算见表3-7。

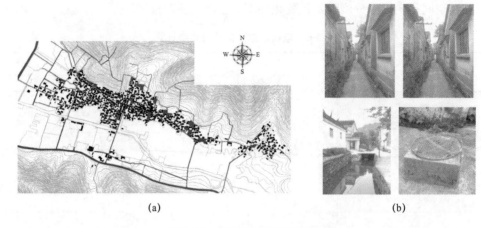

(a)　　　　　　　　　　　(b)

图 3-16　植里村建筑聚落概况

表 3-7　植里村建筑聚落分形维数计算

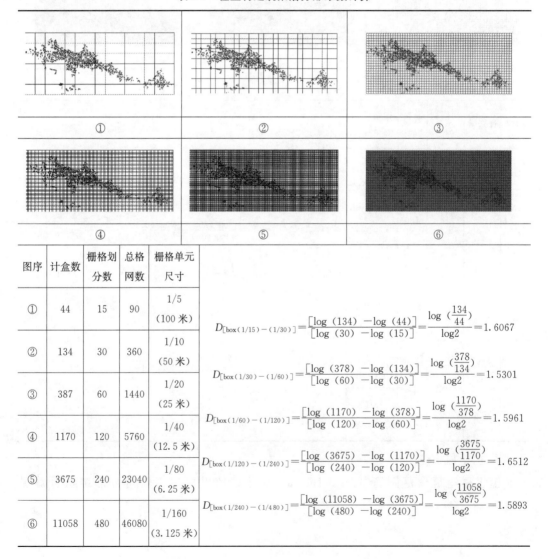

图序	计盒数	栅格划分数	总格网数	栅格单元尺寸	
①	44	15	90	1/5 (100 米)	$D_{[\text{box}(1/15)-(1/30)]}=\dfrac{[\log(134)-\log(44)]}{[\log(30)-\log(15)]}=\dfrac{\log(\frac{134}{44})}{\log 2}=1.6067$
②	134	30	360	1/10 (50 米)	$D_{[\text{box}(1/30)-(1/60)]}=\dfrac{[\log(378)-\log(134)]}{[\log(60)-\log(30)]}=\dfrac{\log(\frac{378}{134})}{\log 2}=1.5301$
③	387	60	1440	1/20 (25 米)	$D_{[\text{box}(1/60)-(1/120)]}=\dfrac{[\log(1170)-\log(378)]}{[\log(120)-\log(60)]}=\dfrac{\log(\frac{1170}{378})}{\log 2}=1.5961$
④	1170	120	5760	1/40 (12.5 米)	$D_{[\text{box}(1/120)-(1/240)]}=\dfrac{[\log(3675)-\log(1170)]}{[\log(240)-\log(120)]}=\dfrac{\log(\frac{3675}{1170})}{\log 2}=1.6512$
⑤	3675	240	23040	1/80 (6.25 米)	$D_{[\text{box}(1/240)-(1/480)]}=\dfrac{[\log(11058)-\log(3675)]}{[\log(480)-\log(240)]}=\dfrac{\log(\frac{11058}{3675})}{\log 2}=1.5893$
⑥	11058	480	46080	1/160 (3.125 米)	

由表 3-7 可知，植里村分形维数值分别为 1.6067、1.5301、1.5961、1.6512、1.5893。其中，在 100～50 米、12.5～6.25 米尺度层级上植里村的整体形态分形维数相对偏高，分形特征十分突出；在 50～25 米尺度层级上的分形维数值有较大的滑落，说明在 100～50 米、50～25 米这相邻两尺度之间分形维数的相似性较低，层级复杂程度的延续性较低；在 6.25～3.125 米与前两个层级的分形维数值存在较大差距。该村的平面图斑分形维数最高值出现在尺度层级 12.5～6.25 米的范围之内，为 1.6512，最低值出现在 50～25 米，为 1.5301。整体来看，该数值并非固定不动，而是处于波动变化之中，最高值与最低值间存在较大差距，相差 0.1211。

4. 甪里村

甪里村建筑聚落图斑如图 3-17（a）所示。甪里村建筑聚落分形维数计算见表 3-8。

（a）　　　　　　　　　　　　　（b）

图 3-17　甪里村建筑聚落概况

由表 3-8 可知，甪里村平面图斑分形维数值运算结果依次为 1.5656、1.5784、1.5806、1.5744、1.5558。不难发现，与前三个村落相比，其分形维数值处于中低区间，各尺度层级间的分形维数值差距较小，表明其空间分形层级复杂程度延续性较好。其中，分形维数最高值出现在 25～12.5 米范围内，为 1.5806；最小值出现在 6.25～3.125 米范围内，为 1.5558；二者差距较小，为 0.0248。

图 3-15（a）所示的二维平面图斑也佐证了其具有良好的延续性，空间形态的复杂度较低，说明该村依靠其空间边界对整体空间的填充能力一般。与其他三个村不同，甪里村在一定公共空间内组织建筑的容量较小，组织成效偏低。因此，对聚落空间来说，在量化描述方面，公共空间分形维数值的精准度高于建筑密度，能够将聚落公共空间结构的致密化、结构化客观地展现出来。

（三）分形维数值结果比较分析

前面章节以西山四个典型传统村落为范例，采用分形计盒维数法计算各村落建筑聚落的分形维数，将其层级尺度结果进行整理汇总（表 3-9），并对明月湾村、东村、植里村和甪里村等村落的分形维数值对比关系进行绘制（图3-18）。

表3-8　甪里村建筑聚落分形维数计算

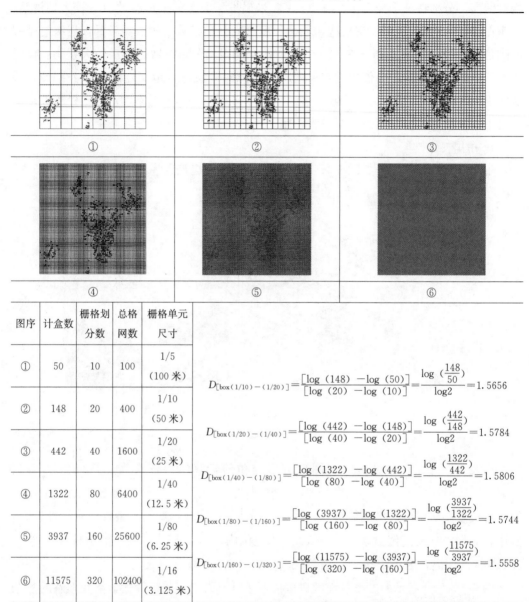

图序	计盒数	栅格划分数	总格网数	栅格单元尺寸
①	50	10	100	1/5（100米）
②	148	20	400	1/10（50米）
③	442	40	1600	1/20（25米）
④	1322	80	6400	1/40（12.5米）
⑤	3937	160	25600	1/80（6.25米）
⑥	11575	320	102400	1/16（3.125米）

$$D_{[box(1/10)-(1/20)]}=\frac{[\log(148)-\log(50)]}{[\log(20)-\log(10)]}=\frac{\log(\frac{148}{50})}{\log 2}=1.5656$$

$$D_{[box(1/20)-(1/40)]}=\frac{[\log(442)-\log(148)]}{[\log(40)-\log(20)]}=\frac{\log(\frac{442}{148})}{\log 2}=1.5784$$

$$D_{[box(1/40)-(1/80)]}=\frac{[\log(1322)-\log(442)]}{[\log(80)-\log(40)]}=\frac{\log(\frac{1322}{442})}{\log 2}=1.5806$$

$$D_{[box(1/80)-(1/160)]}=\frac{[\log(3937)-\log(1322)]}{[\log(160)-\log(80)]}=\frac{\log(\frac{3937}{1322})}{\log 2}=1.5744$$

$$D_{[box(1/160)-(1/320)]}=\frac{[\log(11575)-\log(3937)]}{[\log(320)-\log(160)]}=\frac{\log(\frac{11575}{3937})}{\log 2}=1.5558$$

表3-9　西山四个典型传统村落分形维数汇总表

尺度层级	明月湾村	东村	植里村	甪里村
100～50米	1.7225	1.6020	1.6067	1.5656
50～25米	1.6209	1.6567	1.5301	1.5784
25～12.5米	1.6339	1.6516	1.5961	1.5806
12.5～6.25米	1.6211	1.5798	1.6512	1.5744
6.25～3.125米	1.6096	1.5655	1.5893	1.5558

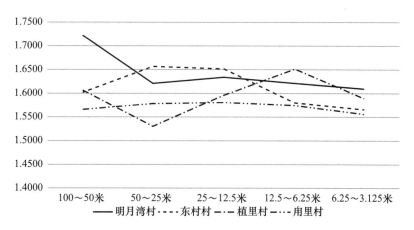

图 3-18　西山四个典型传统村落分形维数值对比关系图

由表 3-9 和图 3-18 总结出村落总体形态分形维数具有以下特征。

（1）在 100～50 米尺度层级区间，除明月湾村外，其他各村聚落的分形维数值较为接近，最高的是明月湾村，高达 1.7225，甪里村最低，为 1.5656，二者之间相差0.1569。该层级分形维数值展现了村落整体建筑聚落平面空间形态及邻近环境之间的紧密性，如果差距大，则表明在村落发展期间，其整体形态区别比较明显，不规则程度比较严重；相反，则村落间较为相似。

（2）在 50～25 米尺度层级区间，分形维数值处于不稳定状态，村落间差距总体较大。该层级是对村落原有总体形态基因沿袭状况的展现，由于村落在最初始时期所选的区位不同，原有的自然生长规律受到干扰，影响了分形维数值。

（3）在 25～12.5 米尺度层级区间，村落总体分形维数值差距较小，最高的是东村，为 1.6516，而甪里村最低，为 1.5806，相差仅为 0.071。此层级可视作建筑团块的尺度，是对建筑团块以及建筑聚落间紧密性的客观展现。各村落间差距较小，这是由于以宗族为主导的社会家庭结构对建筑团块形态划分影响较大。

（4）在 12.5～6.25 米尺度层级区间，植里村分形维数值呈现明显的波动上升，提高到 1.6512，而东村分形维数值呈现波动下降，减少至 1.5798。这一尺度层级相当于建筑合院的尺度，可以判断植里村合院空间结构化程度高于东村。

（5）在 6.25～3.125 米尺度层级区间，各村分形维数值彼此接近。这一尺度层级相当于建筑单体的尺度，不同村落差距较小，主要是由于以宗族为主要导向的社会家庭结构影响着建筑单体。

以分形维数值表征的村落建筑聚落结构化程度与村落规模不具有关联性，仅反映了其内部建筑相互作用所形成的空间结构变化的大小。因此，村落的结构复杂等级与村落规模并不相关，规模很小的村落的结构复杂度不一定低于规模大的村落。

但结构化程度仅仅是停留在表面的分析，结构层次、结构形态等属于有待深入分析的内容。显然，聚落规模与结构层次存在必然的关联性，通常，在同等结构化程度下，较大规模聚落的结构层次要高于较小规模聚落的结构层次。此外，以户为单位的建筑组合功能，其边界内的分层叠套数量越多，表明其自身层级越多，局部空间结构关系的繁杂度及等级则越高。而聚落结构形态又全然不同，如前文中提及的点状、线状及网状结构差异性。这两方面内容与本书关系不大，就不对其做详尽阐述。

（四）分形维数值结果的主要意义——分析原生性景观变化原因

传统村落边界通常没有什么规律可循，比较复杂，运用分形理论，通过计算分形维数值，可以反映传统村落建筑相互作用所形成的空间结构变化的大小。分形维数值的主要意义，就是通过分析分形维数值的变化，了解传统村落形成的过程。前文中西山传统村落分形维数值的变化，说明了这些传统村落的形成可以看成是由简单到复杂的变化过程。传统村落在发展过程中，人口数量增多，村民文化需求持续强烈，对居住环境提出了更高要求，在此背景下，聚落与村落形态逐渐成熟稳定。具体来看，西山传统村落结构形成具有以下两点原因。

1. 西山传统村落结构的成形——地域决定性

从大尺度层级分形维数值来看，除明月湾村外，西山传统村落分形维数值较为接近，说明其在发展过程中具有一定的相似性和稳定性。其成形期的外部形态取决于村落的位置选取，明月湾村处于靠山面水的特殊地理位置，伴随后期沿湖商业的发展，造成了形态上的突变，增强了原生性景观特质形态的结构性。通常，村落选址主要考虑的因素包括：是否有合适的水源；是否有足够耕地；是否有便利的交通等。基于上述准则及西山山坞湖湾的格局，最终形成了太湖古村原生性景观特质形态的原始框架。此类村落早期所表现出的地域性特点，在村落规模持续扩大的过程中构成其内在的特性。

2. 宗族血缘纽带关系的指引——自相似性

西山传统村落在小尺度层级上分形维数值差距比较小，说明在西山传统村落的发展演变过程中，其整体空间形态受到一定约束，但村民的情感、宗族意识及文化思想等大致相同，这都投射在民居建筑及村落原生性景观特质形态中，使得村落发展期间具有十分相似的空间处理方式，宗族团块之间甚至村落整体空间形态之间具有高度关联性。

第四节　传统村落街巷原生性景观特质解析

一、"骨格—街巷"原生性景观特质结构分析

（一）街巷与周边环境的关系

街巷的形成受地形、地质、地貌等多种环境影响，其中，地形的影响最大。因此，街巷与地形的关系是主要关系，突出表现为街巷走势与等高线相关。具体有三种关系：一是街巷走势与等高线平行，二是街巷走势与等高线垂直，三是街巷走势与等高线相交。

其中，街巷走势与等高线平行的情况多出现于街巷周边山地坡度较小时。人们沿着等高线修建街巷，相比于按其他走势修建街巷，工程难度更小，工程量也更小，且街巷比较平缓、起伏小，便于人员和车辆通行，因此，在周边山地坡度较小的村落街

巷，特别是主街，其走势一般都与等高线平行（图 3-19）。

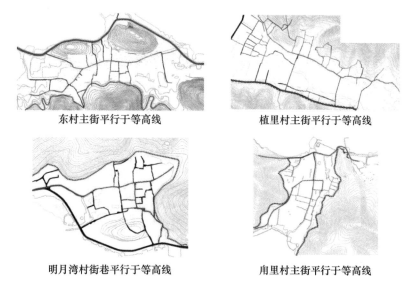

东村主街平行于等高线　　　　　植里村主街平行于等高线

明月湾村街巷平行于等高线　　　用里村主街平行于等高线

图 3-19　西山部分传统村落街巷与等高线的关系

　　街巷走势与等高线垂直的情况多出现于街巷周边山地坡度较大的情况。由于建筑群落处在不同等高线上，呈阶梯状分布，且落差较大，人们通常按等高线的垂直方向修建街巷。此时，阶梯就成了街巷中必不可少的元素。在错落有致的建筑群落中，出现了高高低低的阶梯，极大丰富了村落空间。

　　街巷走势与等高线相交的情况与街巷周边山地坡度大小没有必然联系，通常是在村落发展过程中，人们根据具体情况修建街巷，逐渐形成的。与等高线相交的街巷通常都呈现曲折上升和蜿蜒盘旋的形态。这种富于变化的街巷形态，不仅通过减少陡坡和急坡来方便人们的出行，更实现了村落空间的多样性，增添了村落形态的独特性。

（二）街巷的平面形态

　　街巷空间的图形一般采用线形来表现，在不同的地域环境中，街巷显示出的形式也不相同，一般来说平原地区的街巷要比蜿蜒曲折的山区街巷更规则（图 3-20）。

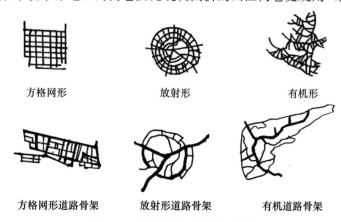

方格网形　　　　　放射形　　　　　有机形

方格网形道路骨架　　放射形道路骨架　　有机道路骨架

图 3-20　村落道路形态特征总结

传统村落街巷一般是伴随传统村落的发展演变而逐步形成并完善的，与城市的演变顺序恰好相反，城市是先定路网，然后根据路网对空间进行建设。传统村落街巷具有自发性和天然性，也更加自由多变。很多传统村落街巷空间都是居民的房屋建筑和居民院墙等相邻空间自然形成的，街巷和建筑物贴合紧密，具有地域特色。西山传统村落街巷的平面形态主要有三大类，分别是树状形态、网状形态和不规则形态（表 3-10）。

其中，树状形态的街巷，顾名思义，表 3-10 其街巷分布就如大树一样发展，有主要街道，即大树躯干，也有小的分支街道，如树枝，原生性景观特质明显易见。这种树状形态分布的街巷比较自由灵活，受外界条件的约束较少。在西山的分布较多，如涵村、甪里村等。

网状形态的街巷整体布局呈现网状，传统村落的主要街道由多条网状的街巷组成，然后再根据每家每户的住处分出很多小的网状街道，比如东村、明月湾村和东西蔡村等古村。东村一条东西走向长 800 米，宽 1.5～2.5 米的古街，两侧有多条支巷，呈丰字形格局，路面为弹石、石板、青砖，街道一侧为排水明沟，两旁的古宅多为清乾隆、嘉庆年间遗存。由主街分离出次街和"巷道"连接各家各户。

不规则形态的街巷不具有规律性，不像前述两种形态有主次之分，这些街道根据建筑物和地理形态而变化，发展上更为自由，如植里村等古村。

表 3-10 西山部分村落街巷图底关系分析

街巷形态	村落名称	街巷图底关系	
		图	底
网状形态	明月湾村		
	东西蔡村		
	东村		

街巷形态	村落名称	街巷图底关系	
		图	底
树状形态	涵村		
	甪里村		
不规则形态	堂里村		
	植里村		
	后埠村		

图 3-21　明月湾村村口

（三）街巷节点

在村落的图底关系图中，可较为直观地看到街巷的某些节点处有面状的空间。特别是村落的主要街道中一般有三到五个放大的节点空间。街巷节点通常有吸引人群进行集体活动的作用，其中放大的节点空间的这类作用体现得更明显。在古村街巷交错路口汇集形成的小广场，既起到交通枢纽的作用，也具有沟通交流的作用；位于村落祠堂前的场地，是村民祭祀活动的场所；置于村落水塘、河流处的小场地，供村民散步休闲。此外，有的街巷节点空间依附于集市或建筑内，又兼具商品交易的功能。

1. 街巷节点分类

街巷节点根据其性质，可以分为以下几类。

第一类为村口节点。在长期历史形成过程中，大多数传统村落一般比较闭塞，从村外进入村内通常都要经由村口广场空地，然后进入村内空间（图3-21）。民国之前，往返西山以水上交通为主，各村村口都与码头相连，村口通常有一个供村民沟通交流、进行娱乐活动的小型广场（图3-22～图3-25）。

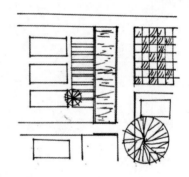

图3-22 角里村村口空间示意图

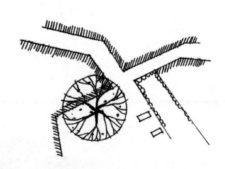

图3-23 明月湾村村口空间示意图

第二类为街巷沿途公共建筑节点。在村落的祠堂等宗教建筑及其他公共建筑前，多设有用于停放车轿、集会和庆典表演等的广场空地，这些广场空地一般都在街巷沿途，与街巷相连，是街巷节点的重要组成部分。

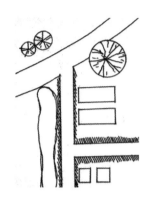

图 3-24　植里村村口空间示意图

图 3-25　东村村口空间示意图

　　第三类为街巷交汇节点。村落中在两条以上街巷的交汇处，包括三岔、十字、五岔路口等，以及街巷转角处，一般会有范围不大的节点空间。这些空间通常会利用周边的墙、树等以及边缘地带形成部分围合的区域，吸引人们在此停留。

　　2. 街巷节点的形态

　　村落街巷的形态不完全工整、富于变化，其节点形态也更为丰富，并非工工整整的十字形、Y字形或T字形，而是有局部偏移、缩小、放大或变形等变化。这也反映了村落街巷在形成过程中，并不像现代城市街道那样有着严谨的规划设计（表 3-11）。

表 3-11　街巷节点形态与空间示意

	节点变化形态	节点平面示意图	节点空间示意图
十字交叉错位			

节点变化形态	节点平面示意图	节点空间示意图
十字交叉 放大		
T字形 节点放大		
Y字形 节点放大		

3. 街巷节点空间功能

传统村落街巷节点除交通功能外，还有供人们休息和交流的功能。要具备这项功能，仅靠简单的几条街巷交汇是远远不够的。通常来说，吸引人的节点必须形成一些明显的空间符号，向人们提供足够的心理暗示。第一类是停留性空间符号，这些街巷节点通过放置可以供人坐下的石凳、木桩、石头、台阶等，提示或暗示人们可以坐着休息、聊天。第二类是遮蔽性空间符号，这些节点通过四周的墙面、地面和树木及顶棚等组合，形成一个相对围合的空间，提示或暗示人们这里可以遮挡风雨、阳光等，具备一定的私密性和安全性。第三类是领域性空间符号，这些街巷节点因为在人们住所附近，邻居之间可以通过经常见面来区分熟人和陌生人得到安全感，提示或暗示人们这里的领域性，虽然没有专职监视人，也不一定安装监控系统，但这是一个默认有安全感的地方。街巷节点的这些空间功能不是排他性的，很多街巷节点包含了两项以上的空间符号（表3-12）。

表 3-12　街巷节点的空间符号分析

	明月湾村人气街巷节点的空间符号分析图示			
停留性空间				树木为人们提供一个舒适的空间，可以在此处交流、活动
遮蔽性空间				墙、树木等空间符号的组合形成一个半开敞空间
领域性空间				建筑拐角和植物等符号组合成一个幽静的半围合空间
	东村人气街巷节点的空间符号分析图示			
停留性空间				大树与石块形成一个特殊的有人气的交流空间
遮蔽性空间				墙等空间符号的组合形成一个半围合休憩的空间
领域性空间				树木、河流等符号组合成一个幽静的空间

植里村人气街巷节点的空间符号分析图示			
停留性空间		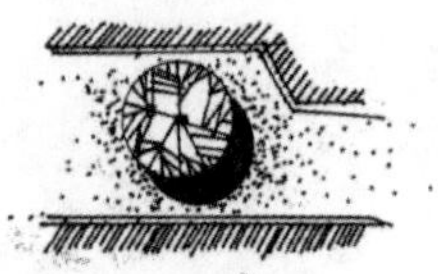		村口古树为人们提供停留的空间，可以在此交流、活动
遮蔽性空间	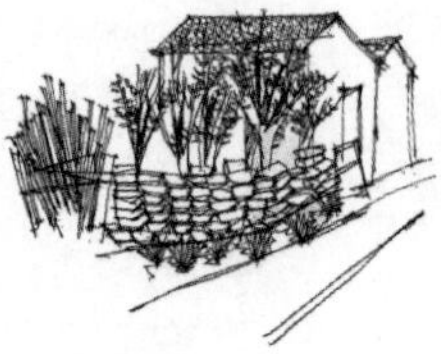			围墙和房屋限定隔离出一个围合空间
领域性空间		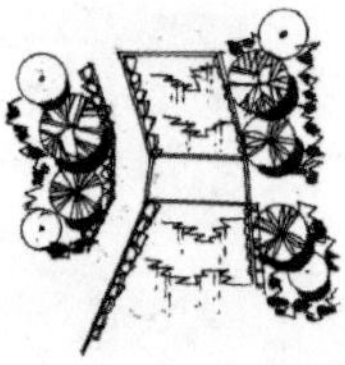		小桥、河流、小径结合形成居民生活的节点空间
角里村人气街巷节点的空间符号分析图示			
停留性空间		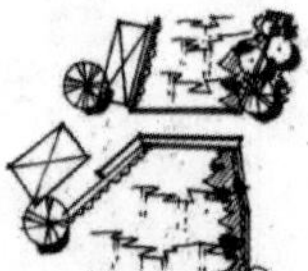		小桥、水渠、道路提供聚集交流的空间
遮蔽性空间	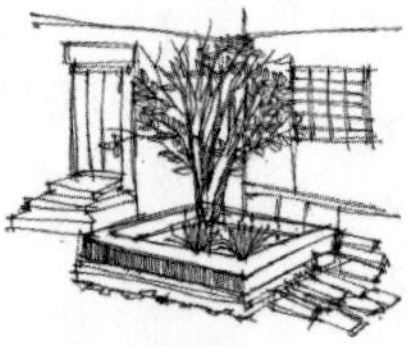			住宅、种植台组合形成私人半围合空间
领域性空间		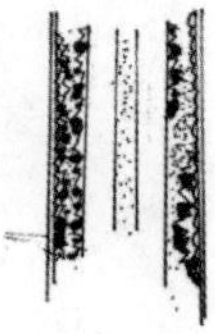		建筑墙体结合地被植物形成带状隔离空间

二、街巷原生性景观特质定量解析

（一）街巷原生性景观特质定量解析的必要性

街巷原生性景观特质分析主要针对街巷界面形态，衡量指标包括街巷界面密度、贴线率及正面率等。街巷界面形态是一种客观的可被人们认知的存在。对于城镇空间的认知，《城市意象》做出了详细的诠释，它明确指出，各城镇的空间意向是不一样的，产生这种认知的主要原因是我们的视觉形态起决定作用。研究街巷原生性景观特质是为了分析其带给人们视觉上的反馈，进而了解其对人们心理感受造成的影响，从而反向推导能够使人获得丰富心理感受的街巷原生性景观特质类型，最终通过保护或规划设计形成合理的街巷原生性景观特质。量化分析街巷原生性景观特质是科学分析原生性景观特质给人的心理感受的必由之路。街巷界面在物理形态层面包括竖向界面和水平界面，两类界面对人们的心理感受影响不同。

1. 竖向界面的心理感受意向

竖向界面是由建筑物或者周围的植物围合形成的一个侧界面，空间的主体是建筑物，身处于村落布局中的人，对于周围建筑的认知主要来源于建筑竖向界面，在看到眼前的建筑布局时，心理感受最为强烈。街道的竖向界面对人的心理影响主要体现在接近或远离两方面，其主要指标是建筑界面宽高比。奥地利建筑师卡米洛·西特最早关注建筑物的高度与空间结构，研究发现建筑物的尺寸影响着空间布局效果。通过对城市广场布局的研究，卡米洛·西特发现广场的尺寸与周围建筑物存在着联系，广场的最小尺寸应不小于周围建筑物的高度，最大尺寸不能超过周围建筑物高度的两倍。随后，芦原义信以卡米洛·西特的研究为基础，对街道的宽高比进行了规范。根据芦原义信的研究结论，当街道的宽高比大于1且随着比例不断增大时，会使人产生一种远离的感觉，当街道的宽高比大于2时，带给人以宽阔的感觉；当街道的宽高比小于1且随着比值不断缩小时，带给人越来越近的感觉；当宽高比等于1时，则让人形成较为均匀的感觉，可见，街道的宽高比等于1是建筑空间布局的转折点。但街道的宽高比随时间演变而波动变化，例如，意大利中世纪街道的宽高比大约在0.5，至文艺复兴时期，街道的宽高比基本等于1，而巴洛克时期，街道的宽高比达到2。

2. 水平界面的心理感受意向

地表产生的底界面，叫作水平界面。大部分人通过界面来构建脑海中的村落意象，将三维的街道界面转化为二维的水平剖面来描述。根据鲁道夫·阿恩海姆（Rudolf Arnheim）的《建筑形式的视觉动力》，一个建筑物的总体设计需要做到三维一体，能把其转化成平面图和剖面图。现今发达的技术能够较快完成转换，但反过来，将平面图和剖面图用三维模型表现出来则需处理较多问题，这是由心理原因造成的。他还指出，无论是物理空间的视觉信息，还是平面图的平面图像或建筑图的垂直剖面，都能够由二维投射传递到人们的视网膜中，使其在脑海中构建出整体的轮廓。一方面，由于视觉的局限性与二维投射十分契合，另一方面，由于人类的活动面就是水平面。通常来说，建筑物和街道界面全部是以水平维度为基础构建而形成的三维体量。由于各个街道界面联系在一起构成了街道空间，以水平剖面展示可将其形态特征具体化呈现出来，因此，采用水平剖面反映各建筑界面之间的联系与人的感知机制是十分契合的。

在水平界面的城市原生性景观特质研究上，美国学者阿兰·B.雅各布斯从97个城市里划分出面积平均的区域来开展城市原生性景观特质取样，在低解析度等级（比例1∶12000）的条件下把街道和街区的平面分布直观地表达出来，发现威尼斯的街道交叉口数量（约1500个）居于首位，这是令人羡慕的可步行性的重要因素之一。步行过程中的视觉多样性与同等面积的特定区域内的街道交叉口数量成正比，与交叉口之间的平均距离则成反比。

沿街建筑间距也是影响可步行性的一个重要因素。阿兰·B.雅各布斯认为，在各个建筑间距超出限定的情形下，行人在步行过程中，其目光所覆盖的范围会延伸得更远。因此，街巷的界面密集程度是量化街巷步行体验的重要指标之一。而从水平维度来看，街巷界面的几何形态特征包括界面密集程度、贴线程度、均匀程度、建筑朝向等。后埠村街巷空间原生性景观特质如图3-26所示。

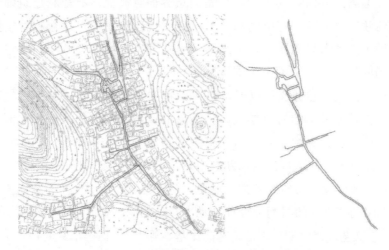

图3-26　后埠村街巷空间原生性景观特质

（二）街巷界面密度分析

街巷界面密度是指街道两侧所有建筑基底长度总和与街道临界线（可理解为建筑红线）总长度的重合率（对于建筑红线退让、庭院界限不明确等现象，将街道中线左右各平移5米作为街道临界线的参考线）。利用AutoCAD、Photoshop等软件将建筑基底线和街道临界线图示化，计算其重合率，得到界面密度（T）。其重合率可表述为建筑界面面宽与所有界面面宽投影总和的比率：

$$T = \frac{\sum R_i}{L} \tag{3-1}$$

式中　R_i——第 i 栋建筑临街道一侧基底长度；

　　　L——街道临界线（建筑红线）长度。

与现代化城市街道界面密度相比，西山传统村落街巷原生性景观特质简单，尊重自然，又不失丰富性，表现为建筑基底线与街巷临界线重合率低，即界面密度低（图 3-27）。将其图示化的街巷临界线和建筑基底线进行叠合（图 3-28），根据式 3-1 计算出传统村落街巷界面密度，并提取多个村落图示，进行界面密度汇总（图 3-29～图 3-34）。

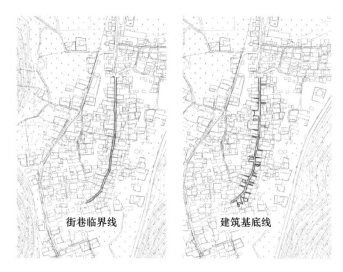

图 3-27　涵村街巷临界线和建筑基底线

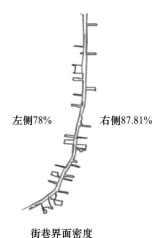

图 3-28　涵村街巷界面密度

图 3-29　东村街巷临界线和建筑基底线

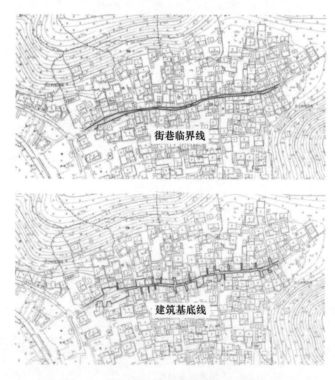

图 3-30　明月湾村街巷临界线和建筑基底线

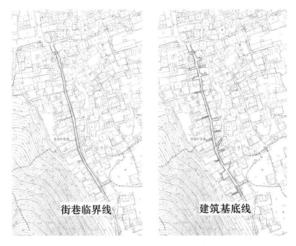

图 3-31 堂里村街巷临界线和建筑基底线

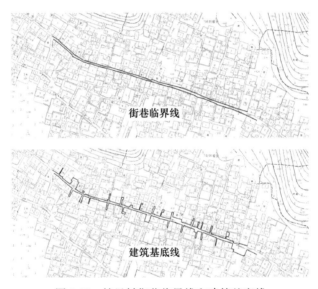

图 3-32 植里村街巷临界线和建筑基底线

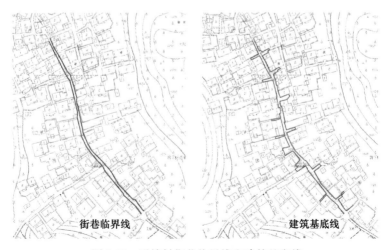

图 3-33 后埠村街巷临界线和建筑基底线

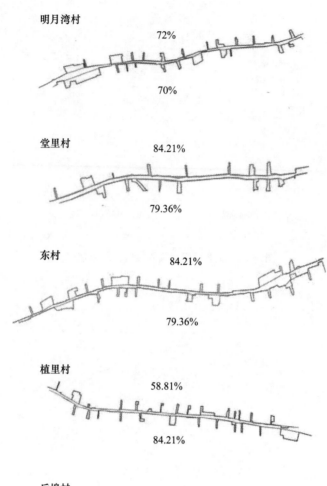

图 3-34　界面密度汇总

将六个村落街巷样本进行量化计算，结果见表 3-13。

表 3-13　街巷样本量化数据

界面密度	涵村		东村		明月湾村	
	上侧界面	下侧界面	上侧界面	下侧界面	上侧界面	下侧界面
	78.00%	87.81%	74.27%	79.28%	72.00%	70.00%
界面密度	堂里村		植里村		后埠村	
	上侧界面	下侧界面	上侧界面	下侧界面	上侧界面	下侧界面
	84.21%	79.36%	58.81%	84.21%	79.36%	58.81%

主流规划模式下的城市空间原生性景观特质的非自然化组合，在界面密度上则表现不同。图 3-35 和图 3-36 所示为对苏州市吴中区两条街道界面模型的提取。

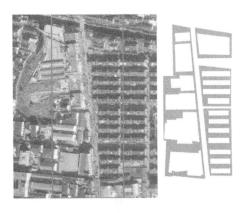

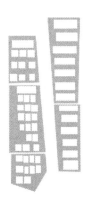

图 3-35　苏州市吴中区姜庄路街道界面　　　图 3-36　苏州市吴中区迎春南路街道界面

从计算数据可以看出，两街道的界面密度都达到了 100%，这说明街道界面沿边界排列规则有序。与之相对的是，西山传统村落街巷界面密度都没有达到 100%，分布在 50%～90%，体现其街巷建筑排列疏密程度不一，结构更丰富。

（三）街巷贴线率分析

街巷贴线率是指某段街道一侧建筑对街巷中线的法定退界线的投影长度（不包括栅栏、庭院）乘以贴线系数（建筑法定后退街巷红线距离的最小值）的总和与该段街道长度之比的倒数。其表达式为：

$$N=\frac{L}{\sum S_i \cdot K_i} \tag{3-2}$$

式中：N——街巷贴线率；

　　　S_i——第 i 栋建筑对街巷红线的法定退界线的投影长度；

　　　K_i——第 i 栋建筑法定后退街巷红线距离的最小值；

　　　L——街巷中线的长度。

以东村为例，向街巷中线（长为 L）做其两侧建筑垂直投影线为 K（两侧取其平均值），其在中线上投影面宽为 S（图 3-37）。

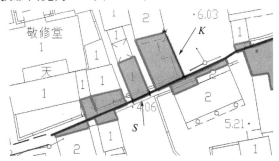

图 3-37　东村街巷贴线率（片段）

根据公式 3-2，分别对东村、后埠村、明月湾村及植里村街巷的主街巷（一级街巷）的贴线率进行计算（图 3-38～图 3-41）。

图 3-38　东村街巷贴线率

图 3-39　后埠村街巷贴线率

图 3-40　明月湾村街巷贴线率

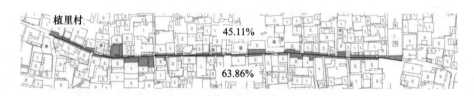

图 3-41　植里村街巷贴线率

分别提取四个村落街巷的贴线率，结果见表 3-14。

表 3-14　街巷样本量化数据

	东村		后埠村		明月湾村		植里村	
	上侧界面	下侧界面	上侧界面	下侧界面	上侧界面	下侧界面	上侧界面	下侧界面
贴线率	19.35%	26.14%	93.22%	47.13%	36.87%	45.32%	45.11%	63.86%

　　结合图示与数值可知,各个村落的街巷界面并不会严格贴线,有的偏差值甚至很大,街巷界面的凹凸变化非常明显。正是这种不规则、曲折、界面错落的交互组合方式,丰富了街巷界面的层次性。而街巷界面不贴线的主要原因在于,一是从宏观结构来看,街廊传统一直在延续,传统村落并没有形成像城市一样的贴线率规范;二是在长期演替过程中,由于坡度、种植地、河流等诸多要素的互动而形成变化丰富的街巷面貌。

　　将每栋建筑 K 值的数值区间(建筑垂直投影长度)细分为五类,可更为直观地看出建筑物与街巷中线的位置关系(图3-42)。

图 3-42　建筑后退法定红线距离

　　对图3-42中四个村落街巷样本的分类进行统计,汇总结果如表3-15、图3-43所示。

表 3-15　各村落建筑随 K 值分布表

村落名称	建筑数量（栋）					
	$K \leqslant 1$ 米	$K=1\sim1.5$ 米	$K=1.5\sim2$ 米	$K=2\sim2.5$ 米	$K \geqslant 2.5$ 米	总数
东村	0	11	13	5	25	54
后埠村	4	11	7	3	11	36
明月湾村	5	11	8	5	16	45
植里村	3	20	13	2	17	55

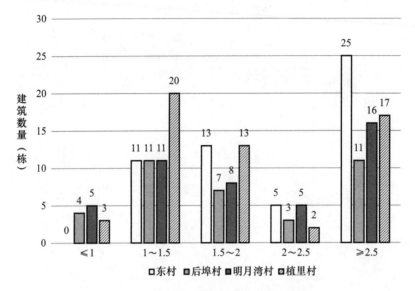

图 3-43　各村落建筑随 K 值分布柱状图

由表 3-22 可知，四个村落中建筑的 K 值在各区均有分布，但集中分布于 $1\sim1.5$ 米区间和 $\geqslant2.5m$ 区间内。与城市街道地块延续排列不同，村落街巷大部分地块与地块的交通主要依赖于建筑之间的"巷道"，而这些"巷道"在坡度、建筑朝向等方面，呈现出密度高、复杂交错等特点。此外，在街巷原生性景观特质的长期演替与重构过程中，村民自发地提高土地利用效率，这主要表现为：一是剔除极端奇异和低效难以利用的地块集合形状，用于建设栅栏或庭院，即 $K\geqslant2.5$ 米范围的建筑考虑其自然界面的限制性；二是以使用便利性为宗旨，采用自下而上的自发动态生长方式进行村落建设；三是坚持适度的公平性原则，对建筑面积、朝向并不设置统一标准，遵循传统村落中比例适宜、整体和谐统一的规律，建筑朝向虽无统一性，但大部分建筑方向与邻近的街巷边界相关。

（四）街巷正面率分析

为了更全面地分析街巷肌理，本书提出了正面率的概念。正面率是指临街建筑侧边界与街巷中线垂线的夹角 θ 值为 175°与 180°之间（两侧取其平均值）的建筑与道路一侧所有建筑的比率，主要用于衡量建筑朝向与贴线率的关系，可以描述建筑方向即朝向与邻近道路边界的相关性。

计算建筑边界与垂直投影夹角（图 3-44），根据图 3-44 分别对西山东村、后埠村、明月湾村、植里村四个村落街巷的正面率进行统计，汇总结果见表 3-16。

图 3-44 建筑边界与垂直投影夹角区间

表 3-16 各村落建筑随 θ 分布表（栋）

	175°≤θ≤180°	170°≤θ<175°	θ<170°	总数（栋）	正面率（%）
东村	27	7	20	54	50.00
后埠村	24	3	9	36	66.67
明月湾村	29	6	10	45	64.44
植里村	30	10	15	55	54.55

通过与贴线率对比可发现 $K \geqslant 2.5$ 米的建筑其边界与垂直投影夹角 θ 较多数都大于170°，各村落的具体比较结果如图 3-45 所示。

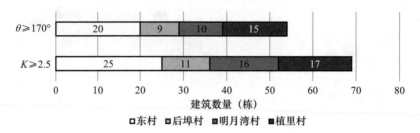

图 3-45　村落 K 值与 θ 比较图

由此计算出偏差率 W，其计算公式为：

$$W = 1 - \frac{B_\theta}{B_K} \qquad (3-3)$$

式中：B_θ——角 θ 范围内建筑数量（栋）；

　　B_K——K 值范围内建筑数量（栋）。

从偏差率可看出建筑朝向不具有统一性规律，但大部分建筑的朝向与邻近的道路边界相关性较高（图 3-46）。

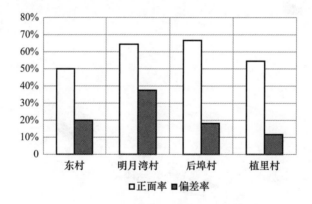

图 3-46　偏差率与正面率数据图

建筑方向即地块方向，是评价城乡空间原生性景观特质的基本参数之一。龙瀛对相关地块参数以及重要程度进行整体分析，指出地块面积大小及周长等与该地块方向参数没有关系，其是一个相对独立的参数。但地块方向与路网的复杂程度存在较强关系，而且部分地区地块方向的相关特性与整体的地块方向存在差异，即常说的空间差异。

对村落建筑与街巷边界的研究表明，在大多数情况下，建筑朝向与街巷边界的夹角处于一定范围内的波动状态，虽然各建筑朝向并不完全相同，但仍存在相似性。通常，为丰富建筑之间的种类以及更好地与周围环境相适应，建筑物之间并不会整齐排列，彼此之间具有一定的错位。

（五）街巷原生性景观特质分析结论

在视觉消费的时代，要求村落居民或游客在专业、客观地分析提炼传统村落街巷肌理基础上，再体验欣赏其美妙之处，显然是不现实的。唯有深入研究那些有着良好视觉体验的传统街巷原生性景观如何给人们以丰富视觉反馈，进而对人们心理感受形成正面影响，才能通过保护或以此为依据规划设计形成富有传统特征的街巷原生性景观。

根据前文分析，西山传统村落街巷原生性景观特质与城市空间原生性景观特质的区别见表3-17。

表3-17 西山传统村落街巷原生性景观特质与城市空间原生性景观特质的区别

西山传统村落街巷特征		主流规划模式下城市空间特征	
特征点	内涵解释	特征点	内涵解释
简约	街道空间肌理表达以便捷性为出发点，没有过度修饰	繁复	街道多为复杂多变的图案，色彩的线条
因地制宜	场所性空间灵活，与自然环境、生产空间自由交融，街巷空间转折变化，交叉口自然，建筑材料就地取材，朝向自由	机械固化	机械、固化的交往空间，平直整齐的建筑，排列方式单一
丰富且和谐	整体空间肌理存在差异，但整体和谐统一	单调且同化	同一类型空间的同质化以及单调的重复，虽然建筑的趋同化程度很高，但整体上，尤其是与周边建筑与环境之间显得不够调和，略突兀，并且呈现出同质化现象

界面密度、正面率以及贴线率等参数的组合量化是认知与分析传统村落街巷界面形态的重要方法，其结果的差异并不能作为判断街巷界面形态优劣的依据。参数量化方法如同一把度量尺，可以衡量很多事物，有效区分彼此间的差异，但该事物的好坏不能以衡量它的尺子来说明，故量化方法并不能根据正面率等相关参数来决定街巷的优劣，这需要更细致的研究。但对具有高价值的传统村落街巷原生性景观特质的定量分析，有助于深入剖析古村街巷原生性景观特质形态，进行更好的模仿或迁移，也可为新农村景观规划或同类型村落更新提供景观形态参数依据。

界面密度和贴线率分别代表村落沿街建筑与街巷之间前后左右的位置变动关系，而传统村落街巷呈现出的丰富变化和进退感能带给人以放松和高趣味的视觉体验。通过实地考察西山的十几个传统村落，发现这些村落的界面密度大都在80%左右，贴线率低于50%，这是舒适宜人且又充满活力的村落街巷空间形成的重要原因。因此，研究村落街巷贴线率等指标，其作用类似于城市规划中的紫线，是一种保护的底线。对传统街巷贴线率进行计算，得到原生街巷指标作为参考，在以后的规划建设中用作评价或限制，是本书街巷研究意义的所在，是一种对人文景观原生性的探究。

第四章 传统村落原生性景观特质的保护

对传统村落原生性景观特质进行保护是本书研究的主要目的之一。应根据传统村落原生性景观的尺度及嵌套特点，分级、分类对不同层级的传统村落原生性景观特质进行保护。

第一节 大尺度原生性景观特质的保护

几千年来，在大自然和人的共同作用下很多地域形成了丰富多彩的原生性景观空间，以西山所在的太湖流域为例，其呈现出要素分化明显、分布均匀，以水为骨架、河网交织，聚落布局分散、密度高、规模小等特点。对于大尺度，即镇域级原生性景观特质的保护，要基于上述特点，结合地区经济发展需求，有针对性地组织保护。

一、原生性自然景观特质的保护

原生性自然景观特质的保护是传统村落原生性景观保护的基础。根据传统村落自然生态环境情况，应重点加强相关水域和山体的景观保护。例如，可根据情况，在一些靠水地区适当进行退渔还湖，恢复部分景观水域，并通过景观建设丰富该景点的自然景致，延续其历史文化内涵；在山区加强植被种植，保持生态多样性，并对开山采石矿坑区域等山体进行景观整治，结合地形、地貌条件打造形成独具特色的景观。此外，在一些自然核心保护区域，适当退居还林，迁移居民，拆除居民点，优化传统村落整体自然风貌。

二、原生性人文景观特质的保护

原生性人文景观特质的保护是传统村落原生性景观特质保护的核心，其中，重中之重是对传统聚落的保护。传统村落的聚落情况不一，对其的保护不能"一刀切"。要合理区分不同聚落，可在分析原生性景观特质的基础上，结合生态保护、经济发展等需求，将现有聚落划分为搬迁型、保护型两大类。对于严重破坏原生性景观特质、影响周边环境的聚落应予以搬迁。对于保持和传承原生性景观特质、具有较高历史人文价值的聚落应进行保护。其中，具有很好的古建筑、古民居等人文景观且需要特殊保护的聚落，特别是列入中国传统村落保护名录的相关聚落，在保持原有基本格局、布局形态、建筑风貌的前提下，重点完善其基础设施配套，改善人居环境，强化聚落景观特色；对聚落整体形态较好、建筑格局和景观风貌具有一定的地方特色、古建筑等具有一定的代表性的聚落，要优先保护与抢救其文化遗存，防止乱拆乱建，突出地方特色，打造文化品牌。

第二节　中尺度原生性景观特质的保护

中尺度原生性景观特质主要是指村落级原生性景观特质。根据山水格局等要素对聚落综合影响力进行分析，可将传统村落分为高、低两个等级，对于不同等级的村落，保护方式有所不同。

一、高等级传统村落原生性景观特质的保护

高等级传统村落受山水格局等要素影响较大，要保护其原生性景观特质，应首要保护山体与水体等没有人为干扰或者干扰很少的自然景观。这些景观是重要的自然遗产，具有不可替代的价值，对相关传统村落的原生性景观特质影响最大，应加以有效的保护。在这些传统村落中，应明确尽可能减少人类活动对山水的干预，不能超过自然修复的承载限度，更不能使其遭受破坏。如杭州西溪湿地，历史上西溪和古荡是杭嘉湖地区湿地系统的一部分，然而到20世纪末更靠近城区的古荡湿地已经消失，西溪湿地面积也在减少。当时，杭州市人民政府很有远见地保留下西溪湿地，并建成一个湿地公园，虽然土地性质从一片农地转换为城市中的湿地公园，但在满足公园综合要求的前提下，这片湿地的整体面貌并没有改变，独特的景观得以维护，湿地的生态功能也得以完善和提升。

高等级传统村落的山体与水体如遭到破坏或污染，应尽力恢复，重点是进行生态恢复。主要内容包括：面对特定的受损环境，寻求合理的生态修复方案；处理场地上的污染，改良土壤；将工业水渠恢复成拟自然河道，进行河流的自然再生，净化河流水体；增加自然植被，绿化荒地，为生物创造栖息地和活动廊道；提高环境质量等。例如，由于社会经济的发展，二战后荷兰的乡土景观也有很大的改变，合并圩田，修建道路，在提高土地使用效率的同时，也带来了水系管理和生态问题。具有代表性的是北荷兰省，该地曾经是典型的水乡，广袤的牧草景观中分布着无数的圩田河网，当地依靠渡船运输农产品和牲畜。20世纪60年代，该地区决定建设公路以代替水运，这一建设引起当地圩田景观的巨大变化和地下水位的大幅下降。后来，该地区重新整合了圩田水系，设定了各部分的水位，梳理了河网中复杂的水流方向，调整了圩田中的林带，使人们重新感受到荷兰历史悠久的圩田景观特质。

二、低等级传统村落原生性景观特质的保护

低等级传统村落受山水格局等要素影响相对较小，重在保护长久以来人类活动形

成的景观，如聚落、人工水利系统、农田和产业林等。随着城镇化进程的推进，传统村落的各项建设都可能破坏原有建筑、农田等。为此，低等级传统村落保护过程中，必须重视上述景观的保护。当然，这些保护并不意味着保持不变，可以根据原有景观肌理和特质进行保护性发展与利用。传统村落原生性景观有其自身的演变规律，不同区域的自然条件和历史发展不同，景观发展进程也各不相同。任何景观都是自然演变和人类活动的产物，是动态变化的，有形成、繁衍、繁荣、衰败和再生等变化过程。它们是有生命力的，也是独特的。尊重原生性景观特质并不仅仅意味着尊重传统，而是要构建起景观的未来与过去之间的时空连续性，守护每个景观单元的独特性和作为文化参照的属性，建立在这样一种价值观上的保护才具有维护景观多样性的意义。例如，绍兴镜湖区域是宁绍平原一个典型的水网、陂湖、圩田和村落单元，在镜湖湿地公园的规划中，设计者将公园看作宁绍平原整体景观的一部分，充分研究了景观的历史和演变、大地的结构，以及区域环境与聚落的关联，规划了具有圩田结构的聚落和湿地，在此基础上为土地赋予了社会、经济、生态、基础设施和视觉层面的新功能。尽管土地的性质已完全改变，但是原生性景观仍然在时间和空间上得到完整的延续。

在太湖流域，选取鹿村为对象进行保护策略分析。鹿村属于低等级综合影响力村落，是山坞型村落，坞体朝向东西，分布在圣姑山、禹期峰形成的东西向浅坞中。根据水体综合影响因素分级与聚落分布，鹿村位于沟渠二级缓冲区内，四周没有大面积水体，不沿湖，周围无鱼塘，受地表径流影响也不大。

鹿村所具有的生态空间有山体和草地两大类。在西山的五类传统生产空间中主要占有农田、果林两类。其中农田属于平原地带的块形旱田，果园也是平原地带的混植果林，主要有杨梅、桃、枇杷。鹿村周边主要道路及环境如图 4-1 所示。

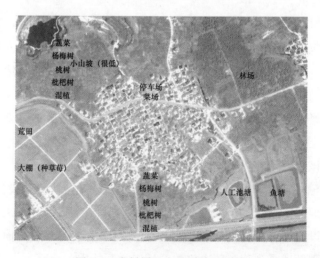

图 4-1 鹿村周边主要道路及环境

对于鹿村的恢复性保护，可重点利用农田资源，打造以生产和生活为主的西山特色田园空间，局部利用浅坞山体创造景观层次感。充分放大鹿村的自然要素，塑造以

"林、田、村"为一体的景观空间原生性景观特质。"林"为鹿村种植的各种果树，可扩大范围，每逢果树开花时，呈现出较有气势的自然景观，形成自然背景，稻麦田园为前景，横向巷路为主体脊梁的带状空间原生性景观特质。秋季到来，稻麦飘香，满眼金黄，可复原出和谐悠然的田园农耕景象。"村"则在山水田园之间，通过白墙、灰瓦等诸多景物共同勾勒出一幅优美的田园村落画卷。

第三节　小尺度原生性景观特质的保护

小尺度原生性景观特质主要是村域内原生性景观特质，其保护可以基于生态敏感性实施不同等级的保护，还可以从原生性景观要素和结构两个角度组织保护。

一、从生态敏感性评价出发的保护

传统村落内原生性景观特质保护区域的划分依据主要是生态敏感性评价。生态敏感性评价主要有收集信息数据和建立指标要素、评判敏感性因子等步骤。

（一）收集信息数据和建立指标要素

传统村落原生性景观生态敏感性评价数据源的要求主要包括：具有较好的系统性和科学性；内容翔实完整，满足研究所需要的精度；专题研究出图比例适中，与投影方式吻合；资料真实，符合当下研究的时效性。结合太湖流域传统村落原生性景观的生态特性，选择对生态环境影响较大的水域、地形地貌、坡度、坡向、地质灾害、土地利用类型、交通通达度等因子作为指标要素，具体信息源信息见表 4-1。

表 4-1　具体信息源信息

数据名称	数据描述	数据来源
土地利用类型图（2003 年）	矢量数据	西山镇总规 CAD 图纸
用地类型说明（2003 年）	属性数据	西山镇规划局总规图册
数字地形图（2007 年）	栅格数据	西山镇地形 CAD 图纸
道路分布图（2003 年）	矢量数据	西山镇总规 CAD 图纸
地质灾害分布图（2007 年）	栅格数据	西山镇地质灾害 CAD 图纸

通过查阅大量文献和咨询专家，基于上述指标因子，构建评价指标体系。将所有搜集的资料用 ArcGIS10.0 进行处理，处理流程如图 4-2 所示。

（二）评判敏感性因子

采取专家打分法来进行传统村落原生性景观生态敏感性因子评判。首先邀请专家进行专业性的评判，并请每位专家从学科领域的角度对以上各类因子进行预判断并打分，然后统计专家在打分时产生的分歧，并重新对存在分歧的因子进行论证评判，最终得出一个综合性的打分表。之后再请专家对综合因子进行打分，并根据打分表用方差公式进行权重计算，计算方式见式（5-1）。

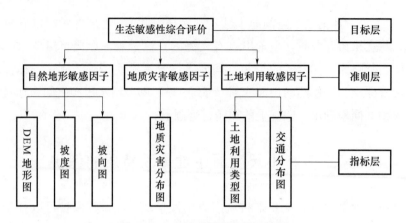

图 4-2　生态敏感性评价指标体系

$$S^2 = \frac{\sum_{i=1}^{n}(x_i - x)}{n} \tag{5-1}$$

式中，S^2——方差；

　　　n——专家人数；

　　　x——均值；

　　　x_i——第 i 位专家的打分。

单因子指标评价后，需要对准则层和目标层进行评价。常见的综合评价方法有权重法和最大值法。根据专家打分计算的结果，通过加权求和来计算各类综合性指标的生态敏感性指数，见式（5-2）。

$$A_i = \alpha S_{1i} + \beta S_{2i} + \gamma S_{3i} \tag{5-2}$$

式中，　　　A_i——综合性指标 i 的生态敏感性指数；

　　S_{1i}、S_{2i}、S_{3i}——分别是指标类型 i 的单指标生态敏感性指数；

　　　α、β、γ——权重，指标权重由变异系数法确定。

方差计算权重的准确性和合理性取决于专家的打分是否合理，它和专家自身的经验密切相关，具有一定的主观性，但在生态评价中经常使用。通过上述方法，计算得出的权重见表 4-2，一致性检验 $CR < 0.1$。

表 4-2　因子指标权重表

单因子指标	权重
地形	0.05
坡度	0.1
坡向	0.1
地质灾害	0.2
土地利用类型	0.4
交通通达性	0.05
水域距离	0.1

二、从原生性景观要素出发的保护

原生性景观的几大要素——建筑、山体、水体、绿地等，是传统村落景观空间类型区分的基本标志，这些要素反映了传统村落原生性景观形态特征的表现。对于各要素的有效保护是保护和传承原生性景观特质的前提和基础。

（一）建筑的保护

建筑的保护主要有修缮、修复、整改等基本方法。

1. 修缮

修缮是通过日常保养、防护加固等措施对传统建筑进行保护以及对传统外貌进行维持。日常保养除了保护传统建筑主体外，还要对周围环境进行定时维护，发现问题及时处理，避免传统建筑受到周围环境的影响破坏。除了对建筑外貌、结构及承重进行定期检查和维护外，还要对传统建筑室内装饰进行检查，对影响室内环境的因素如材料、湿度、温度、卫生等进行把控维护，做到由内到外的整体性保护。防护加固是采用在分裂的传统建筑墙体中打入钢筋等或在剥离的表皮中注入黏结材料，在传统建筑承重点加固支撑点和对破损严重的构件进行原材料替换等方法，在确保建筑不损失原本风貌的情况下稳固建筑结构。

2. 修复

修复是指在保持传统建筑体量、形态的情况下，对传统建筑进行的复原措施。传统建筑随着时间推移，都会出现门窗老化、墙面变形、材料脱落等问题。通过对保存较好的传统建筑进行细部维修复原、对破损严重的建筑实现改造利用，使传统建筑的风貌得以延续，并提高居住等适用性，从而在保持传统建筑原有风貌的同时，改善居民的生活质量。

3. 整改

在传统村落核心保护区域内，要拆除与原生性景观特质风格严重不同的建筑，特别是现代感过强和居民搭建的临时建筑，从而确保传统村落原生性景观的统一。对风格冲突不严重的建筑，进行改建改造，具体的整修措施根据具体实际情况，主要包括整体改造、局部整修等。

（二）山体的保护

山体的保护，不仅要保护山体的完整性和植被的多样性，而且要从景观视线的角度，确保山体与聚落等要素之间各自成为相对的景点，形成良好的视线通廊。要加强山体形态的保护，有利于加强山体轮廓与传统村落的视线通廊连接，使这些山体成为传统村落的自然景观背景。在一般保护区域内的山体保护性建设过程中，可以结合这些山体起伏的天际轮廓线，修筑相应的景观设施，以突出山体的形态风貌。此外，加强对四周山体的植被保护，植树应选择乡土树种，尤其要加强对古树名木的保护，从而保持传统村落古朴的景观意象，以更好地维护传统村落的自然与人文人居环境。

（三）水体的保护

水体的保护重在杜绝污染、保护原有的自然生态系统，同时，严格控制水体周边的生态景观环境，防止水体受到侵占，最大限度地保护水体与聚落、山体及农田等之间的空间格局，确保传统村落山水格局基本不变。在一般保护区域内的水体保护性建设过程中，可以结合现代景观理念，对水系两岸进行景观塑造。

（四）绿地的保护

绿地是传统村落景观的重要组成部分，绿地保护对传统村落的发展有着重要的意义与作用。保护绿地，首先，要合理确定绿地的性质、范围和分类。其次，按照不同绿地的保护要求，进行分类保护。其中，街巷绿地多处于村内，通常面积不大、形态不一，保护的重点是确保绿化面积和提升景观效果；生态绿地则通常以果林、保护林的形式分布于村落周边，且与村外的主干道路和主要水系紧密结合，通常面积较大，且以团块形态为主，保护的重点是水土保持、生态多样性维护，兼顾视觉效果。

三、从原生性景观结构出发的保护

（一）建筑聚落"基本形—群化体"的保护

前面章节以西山四个典型传统村落为范例，采用分形计盒维数法计算各村落建筑聚落的分形维数，将其层级尺度结果进行整理汇总（表 4-3）。

表 4-3　部分村落分形维数汇总表

尺度层级	明月湾村	东村	植里村	甪里村
100～50 米	1.7225	1.6020	1.6067	1.5656
50～25 米	1.6209	1.6567	1.5301	1.5784
25～12.5 米	1.6339	1.6516	1.5961	1.5806
12.5～6.25 米	1.6211	1.5798	1.6512	1.5744
6.25～3.125 米	1.6096	1.5655	1.5893	1.5558

以分形维数值表征的村落建筑聚落结构化程度，反映了其内部建筑相互作用所形成的空间结构变化的大小。根据传统村落结构化程度的数值，以户为单位的建筑组合功能，其边界内的分层叠套数量越多，表明其自身层级越多，局部空间结构关系的繁杂度及等级越高。

分形维数值代表西山传统村落结构的原生性。此类村落早期所表现出的原生性特点，在村落规模持续扩大的过程中构成其内在的"特性"，形成了太湖传统村落原生形态的原始框架，因此数值可设定为保护的范围值。一旦超出范围值，可代表原生性结构特质被改变。

分形维数值代表宗族血缘纽带关系引导下的自相似性。西山传统村落在小尺度层级上分形维数值的变化幅度大小，投射在民居建筑及村落肌理形态中，代表村落发展期间空间处理方式相似性大小，宗族团块之间甚至村落整体空间形态之间是否具有高度关联性。因此，也可利用数值变化来量化村落在后期规划中的原生性程度，以此来检测新规划在保护原生性特质方面的合理性。

（二）"骨格—街巷"的保护

传统村落街巷的保护，涉及街巷的尺度、平面形态与剖面形式，还有街巷的肌理与沿街立面等重要节点。复杂的地形，使得传统村落的街巷具有很多的复合功能，这就使街巷的尺度呈现出多种多样的变化形式。对街巷的保护，在保持街巷尺度的同时，要维护好街巷的平面形态，这样才能更好地反映出街巷的原生状态。对于街巷的剖面保护，主要涉及两方面，一是横剖面的保护，主要是在保持街巷尺度的基础上，对街巷的细部，如街道的台阶、建筑出檐以及非空间等原有风貌进行保护，二是纵剖面的保护，主要针对当地地貌，来做好传统村落街巷的三维特征维护，包括对原有高差、街道台阶以及坡道等的保护。在街道肌理保护方面，保护重点主要是做好对原有铺装材料的保护，同时维护好现有的铺砌形式。沿街立面保护重点在于保存沿街建筑的风貌，并保持建筑改造对历史建筑的延续，主要保护内容包括沿街建筑的风格、形式与高度，以及建筑的材质、色彩和装饰风格等。

第四节　传统村落原生性景观特质保护的管理

2014 年，由国家发展改革委、国土资源部、环境保护部和住房城乡建设部联合下发的《关于开展市县"多规合一"试点工作的通知》中要求："开展市县空间规划改革试点，推动经济社会发展规划、城乡规划、土地利用规划、生态环境保护规划'多规合一'，形成一个市县一本规划、一张蓝图……""多规合一"的正式提出，既有利于提高各类区域规划的合理性，也有利于提高各类区域的管理水平。对于太湖流域传统村落原生性景观特质保护来说，必须要在"多规合一"的大趋势下，运用"多规合一"的理念和方法，研究传统村落原生性景观特质保护管理机制。

一、实现管理对接

当前，应抓住实施"多规合一"这一有利时机，完善传统村落相对集中区域的管理体制：一是进一步明确中央到地方各级业务部门的管理职责，建议以传统村落的设立申报、规划编制报批、资源保护监督等工作为主，即以规划和监督管理为主，不要过多干涉具体事务管理；二是从名称、性质、职能内涵、行政级别、隶属关系等方面将传统村落管理机构规范统一起来，使各级管理机构上下衔接、左右协调，形成和谐高效的管理体制。

二、依据法规管理

"依法管理"是法治国家管理传统村落的基本要求。要做到"依法管理"，必须有法可依、有法必依。一方面，要有法可依。目前我国对传统村落管理工作还没有专项立法，相关管理工作的主要法律依据是《村庄与集镇规划建设管理条例》《风景名胜区条例》等相关法规，这些法规相比于全国人大颁布的法律，权威性不足，对传统村落的管理支持力度和监督力度也相对不足。为了从源头上厘清传统村落管理的各种问题，亟须由权威法规来界定、说明和规范，特别是在全国"多规合一"大幅推进的背景下，更应加快推动"传统村落保护法"的制定与出台，并加快制定操作性更强的子法规，形成完善的法规体系，从而实现有法可依。另一方面，要有法必依。传统村落管理执法队伍不健全，执法力量不够，执法力度也相应不足，严重影响管理效果。应在完善法规体系和打造精干执法队伍的基础上，依据法规对各种情况和问题的奖惩措施，严格执法，违法必究，树立法规的权威性，确保管理的有效性，从而实现有法必依。

三、厘清管理范围

针对传统村落区域管理机构实际管辖范围与规划批准范围不一致这一问题，应按照"多规合一"的本质要求，基于空间要素"一张图"来划分管理范围。在总体规划层面，应按照管理事权对某一空间的各要素进行梳理，对同一空间存在多个管理部门的要素进行侧重点分解，将其归纳为水体、绿地、城乡建设用地、地质灾害、安全保障、历史文化、基础设施等，综合管理对象及管理部门，从生态保护出发，划定绿线（全域生态控制线）、蓝线（全域地表水体保护控制线）等，并确定管理的具体内容、层面及范围，实现全域的责权闭合，确保各部门责权一致、范围相符。考虑到传统村落区域规划与城乡规划体系中不同层次的各类规划内容有重叠，在进行传统村落区域规划时，要合理确定各相关管理主体，并对相关规划内容进行分项梳理，分层分级明确管理范围，统筹安排。

四、整合数据平台

在大数据时代，信息化已成为提升管理能力的助力器，信息化水平是衡量管理水平的重要标志。为提升传统村落原生性景观特质保护的管理能力，当前应紧跟"多规合一"趋势，做好四个方面工作。一是加强信息基础设施建设。在做好现有网络维护的基础上，应根据终端数据采集需求和全区域网络互联互通目标，重点加强"边、远、散"传统村落的网络硬件建设。二是统一技术标准。应运用空间信息技术对各个传统村落进行重新分区和编码，建立基础数据平台，并从图纸标准、用地分类标准、数据格式三个方面统一技术标准。三是建立数据库。按照统一的技术准则整理、收录各类规划、部门责权、法规条文、地理基础信息、空间要素和重大建设项目等数据，不断充实、更新和完善传统村落原生性景观特质管理基础数据库；四是建立信息管理机制。按照分级管理、各负其责的要求，通过网络将传统村落管理的相关机构、部门连接起来，并按其管理职责设置相应权限，形成信息吸纳、反馈和管理的统筹协作机制。提高传统村落原生性景观特质保护管理信息化水平，可有效解决管理主体与客体头绪繁杂、效率低下的问题，提高管理决策与实施的有效性、及时性和科学性。

第五章　传统村落原生性景观特质的利用

2021 年,《中共中央 国务院关于全面推进乡村振兴加快农业农村现代化的意见》明确了乡村振兴过程中要"保留乡村特色风貌""加强村庄风貌引导",这为传统村落原生性景观特质的利用指明了方向。传统村落的发展必须运用好原生性景观特质研究成果,并在保护和传承好原生性景观特质的基础上,勇于创新,创造出独具特色的传统村落景观。

第一节　传统村落原生性景观特质利用的主要领域

原生性景观承载了传统村落的历史文化,是认知乡村景观空间的工具、表达乡村景观空间秩序的语言、延续传统村落景观风貌的手段,是指导乡村景观规划的重要依据。研究分析原生性景观特质后,可以用于确定传统村落性质和发展方向、拟制和评价传统村落景观规划方案、管控传统村落景观形态等。

一、为确定传统村落性质和发展方向提供依据

传统村落原生性景观特质为确定传统村落性质提供了指导,并为确定传统村落总体发展方向提供了指导。例如,西山是江苏省历史文化名镇,通过原生性景观特质分析,其传统村落是西山景区的重要组成部分和重要价值载体,因此,在对西山地区进行规划时,必须突出对传统村落景观特质的保护与传承,要紧密结合居民点调控等措施,合理布局新建设施,重在对具有人文价值的村、镇级民居建筑进行严格保护和修缮,对于严重影响景区环境的居民点应予以搬迁。

二、为拟制传统村落原生性景观规划方案提供依据

传统村落原生性景观规划方案主要包括传统村落原生性景观发展目标、规模容量、功能分区、居民社会调控、资源保护、游赏组织等内容。原生性景观特质研究的相关结论,特别是"山水格局—聚落"影响力分析结论等,可指导拟制传统村落景观规划方案的功能分区、资源保护等内容。本书通过对传统村落中尺度级原生性景观特质进行分析,叠加统计出各村落受不同原生性景观形态要素影响强弱的分布分级情况,相比于以定性分析结论为主的景观规划基础资料,更加有利于形成更科学的传统村落功能分区,形成更科学的传统村落原生性景观规划方案。

传统村落原生性景观特质研究成果不仅能够指导传统村落原生性景观整体规划方

案的机制，而且为村落内具体传统村落景观规划提供指导意见及技术支撑。其中，在传统村落景观具体规划上，首先将整体原生性景观拆分为各类组成要素的原生性景观，分别对各要素形态进行分析，将分析结果数据化与图式化，可操作性有助于形成详细的传统村落景观规划方案。特别是运用界面密度、正面率以及贴线率等参数的组合量化，可以更全面地认知与分析传统村落街巷界面形态。通过研究并明确村落街巷贴线率等指标，可以为传统村落景观规划方案设置类似于城市规划中的紫线，成为传统村落原生性景观保护的底线。这些都为形成科学详细的传统村落景观规划方案提供了重要依据，甚至可以直接用于传统村落景观规划方案。

三、为评价传统村落原生性景观规划方案提供依据

传统村落原生性景观特质研究成果也可应用于传统村落原生性景观规划方案的量化评价。其具体转换步骤为：首先，以传统村落原生性景观特质为目标，进行定性定量的分析，从中提取出相应的原生性景观特质参数化数值；其次，解析目标村落的原生性景观，提取出相应的原生性景观特质参数化数值；再次，对二者提取的结果进行对比分析，判断差异点和差异值；最后，形成对该村落原生性景观规划方案的评价结论以及调整建议。

四、为管理控制传统村落原生性景观形态提供依据

传统村落原生性景观特质研究成果还可应用于传统村落原生性景观形态的管理控制，集中体现于对村民或集体自发建设行为的科学化与精细化管理上。

目前，村民或集体自发建设主要采取以下两种常规模式，一是政府的行政化策略，实行"一刀切"的标准管理模式，这种模式倾向于建设成完全相同的形制和规整的布局形态；二是对建筑或者基地进行简单的数据控制，包括建筑单体面积、建筑高度、容积率、绿化率等方面的标准数据控制，这种模式容易背离传统村落原生性景观特质，破坏原生性景观的传承。

对原生性景观特质的提取归纳，可以科学地指导传统村落原生性景观规划，从顶层设计上控制和管理原生性景观形态；在原生性景观特质各类研究中所采用的分析方法和手段，可用来监控实际景观改造或建设过程中景观特质的变化态势，从而在实践中控制和管理传统村落原生性景观形态。

第二节　传统村落原生性景观特质利用的基本路径

传统村落原生性景观特质利用的核心目的是实现原生性景观保护与传统村落发展双赢。要达到这一目的，更好地研究并利用传统村落原生性景观特质，应采用"景观特质分析—景观价值分析—确定发展主题—组织总体规划—进行具体设计—开展村落

建设"的基本路径。其中，第一环节"景观特质分析"前文已经进行了详尽表述，最后一个环节"开展村落建设"是具体实践操作层面的内容，在此不做专门研究，本节主要表述其他环节。

一、景观价值分析

传统村落有各种景观资源，在景观特质研究的基础上，特别要基于相关的研究分析数据，对相关景观价值进行进一步分析，尽可能将景观资源分级分类，作为后续保护与利用的重要依据。

传统村落的景观主要分为自然景观和人文景观两大类，在历史发展过程中不断演变和积累，形成了重要的资源，具有不同的价值，具体而言，主要有生态价值、科学价值、历史价值、经济价值、情感价值、艺术价值等。从利用角度，结合传统村落的实际，重点应分析景观的生态价值、科学价值、历史价值、经济价值。

生态价值分析的主要对象是传统村落的植被条件、生物多样性等；科学价值分析的主要对象是传统村落中能够为自然演变、人类活动提供研究载体的自然景观和文物古迹等；历史价值分析的主要对象是传统村落中能够反映历史发展及脉络的人文景观；经济价值分析的主要对象是传统村落中可用于发展旅游、健康等产业的各类景观。

二、确定发展主题

通过景观特质分析，得出传统村落原生性景观最典型或最主要的特质；通过景观价值分析，得出传统村落原生性景观最典型或最主要的价值。基于两类分析结论，根据国家和地方政府农村发展战略，结合地区特点，确定传统村落的发展主题。梳理相关研究成果，传统村落发展主题可分为生态养生型、农林经济型、旅游观光型、文化体验型等。

生态养生型村落在保护既有生态环境基础上，进一步丰富生态多样性，打造健康休养空间，以养生长寿为卖点，适当引入民宿、养老或康复产业，将既有的生态环境优势转化为康养资源，促进村落健康发展。农林经济型村落侧重于发挥自有农业、林业、渔业等资源优势，在保护环境的前提下，挖掘潜力，适当引入采摘等农林体验项目，提升村落经济效益。旅游观光型村落重点在于挖掘村落旅游资源，包括自然景观资源和人文景观资源等，并结合村落实际，在传承原生性景观特质的基础上，打造不同类型甚至独具一格的旅游项目，提升游客体验。文化体验型村落重在保护和恢复历史人文景观，在改善原住民生活环境的同时，为相关研究人员和历史文化爱好者等提供优良的研究环境。

具体到某一村落，其发展主题不是只能单一化，更不是排他的，可以以一型为主、兼顾其他，也可以多型发展。

三、组织总体规划

确定发展主题后，就要组织村落总体规划。总体规划的主要目的就是通过原生性景观特质等内容的有效利用，保持传统村落的特色风貌，并提高村民生活质量，增强旅游等吸引力，增加经济效益，实现村落可持续发展。村落的总体规划，要依据前期原生性景观特质分析结论，按照可持续发展的理念，根据明确的发展主题，结合当地政府的经济发展、社会发展、人口增长等规划安排，制定不同期限的规划目标与步骤。特别要明确村落景观的总体风格，建立合理的景观格局，对于不同保护等级区域的使用，包括功能定位、景观布局、交通规划、建筑布局、公共设施建设等进行明确，重点确定村落的保护用地和发展用地、村落建筑的风格和布局、街巷的分类和布局、特色景观的位置和功能、基础设施的布局和功能等。

四、进行具体设计

总体规划通过后，就要对传统村落自然和人文等各类景观进行设计。其中，重点对组成传统村落的点、线、面进行空间设计，对空间和街巷、聚落等要素进行设计，相关设计原则见表5-1。

表 5-1　传统村落空间和要素设计原则

分析手法	原生性景观特质类别	相关规则及计算参数	设计原则
定性分析	空间原生性景观特质	图式语言法研究、要素关系、核心地貌形态的景观特质	①空间较大时，优先考虑长方形或方形地块划分，在其他有显著地形及聚落或道路影响时，应优先保留原有界线，因地制宜； ②地块不能以简单的几个层次为标准进行划分，应在全面深入调研的基础上，合理确定各地块形态、面积、比例等； ③注重空间分割的多样性，增强空间分割的不规则度，保持空间整体形态的丰富性
定量分析	街巷原生性景观特质	界面密度、贴线率、正面率等参数指标	①街巷原生性景观特质界面密度采取低值，尊重自然，又强调丰富性； ②着眼于增加原生性景观特质的丰富性，同时充分考虑建筑与道路的适应性，建筑方向与道路边界的夹角在一定范围内可设计波动； ③对于道路交叉口区域的设计，应注重交叉角度，参考原有原生性景观特质并在其某一特征区间内浮动
	聚落原生性景观特质	对建筑群进行分维计算与空间分析	①分析提取原有村落原生性景观特质中的典型建筑空间原生性景观特质，经优化，确定新的建筑空间原生性景观特质后进行规划设计； ②分析提取原有村落原生性景观特质中的典型建筑形状类型，确定新规划中各类建筑比例，再进一步确定各类建筑的数量

第六章 传统村落原生性景观特质保护与利用实例

第一节 实例对象（太湖流域西山传统村落）概况

一、太湖流域基本情况

太湖流域位于长江三角洲南部，北至长江，西至茅山、界岭和天目山山脉，南至杭州湾。在明朝以前属于同一个行政区域，现今主要包括上海市，江苏省苏州市、无锡市、常州市，浙江省湖州市、嘉兴市等地区以及江苏省镇江市和浙江省杭州市的一部分。太湖流域的 2/3 是平原，水面面积占 1/6，丘陵面积占 1/6。

（一）太湖成因

太湖成因历来都是地理研究的一个热点问题，且观点较多，主要有"泻湖成因""构造成因""气象成因""陨击成因""火山喷爆成因"等。其中，比较权威的是"泻湖成因"，指经过古生代以来三次比较大的地质构造运动，太湖地区形成了一个凹陷盆地，而后随着海平面的上升，到了大约 100 万年前，太湖地区变成了一个大海湾，后因长江、钱塘江中泥沙沉积，逐渐与海隔绝，由海湾变为泻湖，直到湖水不断淡化，变成了现今我国第二大内陆淡水湖。

（二）太湖形态特征

"太湖"意为"极大之湖"。宋代苏舜钦（1008—1049 年）这样描述太湖："洪川荡漰，万顷一色，不知天地之大所能并容。"（《苏州洞庭山水月禅院记》）。太湖水域辽阔，南北长约 68.5 千米，东西平均宽 34 千米，最宽处为 56 千米，以平均水位 3 米为标准计算，面积接近 2500 平方千米。太湖是典型的浅水湖泊，平均水深约为 1.9 米，且湖底地形平坦，高低落差小。东太湖水深通常小于 1.5 米，相对而言，西太湖水深一些，最大水深达到 2.5 米。太湖中共有 51 个面积较大的岛屿，总面积接近 90 平方千米，一些岛上有常住居民。

二、西山基本情况

西山是太湖东南部的一个岛屿，也是中国内湖第一大岛，古称包山、西洞庭、林屋山，南北长 11 千米，东西长 15 千米，面积 79.82 平方千米，距苏州传统村落 45 千米，北临无锡，南濒湖州，西依宜兴，主峰缥缈峰，海拔 336.6 米，是太湖七十二峰之首。西山景区是太湖传统村落以湖岛风光和山乡古村为特色的山水传统村落型景区。有甪里村、东村、缥缈峰、涵村、植里村、东西蔡村、后埠村、林屋洞、明月湾村、消夏湾10个景群，含29个主要景点，另有独立于景群外的4个散列景点。传统景观特质保护较好，具有一定的代表性和典型性。这主要是由于西山四面环湖，在几千年的发展历程中，传统村落景观受外界影响较小，直至20世纪90年代才通桥。

西山下辖1个社区、11个行政村，常住人口达4.5万人。西山60%区域为低山和丘陵。处于亚热带地区的西山四季分明，温润柔和，降水充足，光照丰富，具有短暂的结霜期，盛产柑橘、青梅、杨梅、枇杷、银杏、板栗等花果；有稻田633公顷，果园、茶园2067公顷，养殖水面400公顷。

西山山体走向是东北—西南向，利用山体的地势特点，当地居民将西山以山脊线为界分为前山、后山两个部分。与湖内其他岛屿相比，西山内的交通条件不理想，地形复杂，平地占比极少，这种经济发展缓慢、建设规模较小的情况在太湖大桥建成后得以改善。由于开发程度低，这里的传统村落较为完整地保留下来。这些传统村落大都依山傍水，地理位置独特，形成了形态各异的聚落特性。在当地居民的建设下，寺庙、桥、祠堂、古道、井树等建筑要素丰富，是吴地文化的写照，是宝贵的文化遗产。西山传统村落中的建筑风格大多是明清时期的风格，也有部分宋元时期的遗存。

据考古专家记载，太湖三山岛和西山俞家渡区域最早的人类活动可以追溯到公元前的新石器时代，距今约5000年。西山最早因为大禹治水而闻名，大禹在治水途经地西山修建了禹王庙等标志性建筑。后来到春秋战国时期，西山又因吴越争霸而闻名。消夏湾、明月湾村、画眉池等著名景点，都是年代的历史见证。早在南朝梁武帝时，西山就兴建了包山寺、水月寺、法华寺等著名寺庙；北宋时，道教兴起，西山林屋洞被称为"天下第九洞天"，毛公坛被称为"第四十九福地"。同时，这里还挖掘出了大量的太湖石，成为寺庙建筑必不可少的原料。到南宋时，北宋末年新迁贵族和知识分子的到来又为西山增添了浓浓的书卷气息，丰富了西山的文化内涵和历史底蕴。商品经济发展的明清时期，外出经商的西山人为西山带来了丰富的物产资源，提高了西山的经济实力，并修建了气派宏伟的官府宅邸。清朝的道光年间，西山已经建成有科学系统规划、设施完善、设计精美的住宅群，并为当时的城市发展提供了很好的借鉴。至今为止，在西山仍可见到明清时期的传统建筑群（表6-1）。

表6-1 西山历史沿革表

时间	所属县级建制名称	备注
清乾隆中叶前	吴县	公元前221年建县
清乾隆中叶至光绪三十一年（1905年）	苏州府太湖厅	雍正十三年（1735年）建厅，辖东山，厅治在东山，后增辖西山。咸丰十年（1860年）太湖厅属湖州府
咸丰十一年至同治二年（1861—1863年）	太平天国苏福省苏州郡东珊县	东珊县辖东西山，时西山由侍王李世贤守

续表

时间	所属县级建制名称	备注
光绪三十二年至宣统三年 （1906—1911年）	苏州府靖湖厅	厅治在后堡，辖西山
民国元年至民国三十八年六月 （1912年1月—1949年6月）	江苏省吴县	民国元年1月，太湖、靖湖二厅合并为太湖县，旋易名洞庭县，7月撤洞庭县并入吴县
1949年7月—1951年5月	太湖区行政办事处	办事处辖东山、西山、横泾、马山等区，在东山办公
1951年6月—1952年6月	吴县	太湖办事处撤销
1952年7月—1953年4月	太湖区行政办事处	太湖办事处复建，辖东山、西山
1953年5月—1959年3月	震泽县	县辖东山、西山、横泾、马山等区，1959年撤销，并入吴县
1959年4月—2001年2月	吴县	1995年吴县改称吴县市

三、太湖流域原生性景观的基本特点

太湖流域的传统村落是典型的江南水乡，其景观作为一种审美景观意象，特征已被反复总结过。但以往多从建筑学、气象学、生态学或土壤学等单一学科角度进行研究，分析归纳的特征也不可避免地仅体现某一学科的视角，或仅从学科角度去阐述与本学科相关要素的景观特征。这些特征并不能全面代表太湖流域原生性景观特征。

要科学分析太湖流域原生性景观特征，首先必须充分认识到其景观功能和空间功能的融合性，因为传统村落各类景观要素不仅承担各自不同的景观功能，还承担着不同的生产和生活等空间功能，在维持人们生产生活的自给自足需求的基础上，经过长期发展形成了独特的村落景观与民俗文化。其次，研究太湖流域原生性景观特征应基于景观生态学的人文生态系统理论，以景观形态的表现为研究对象，重点阐述自然环境、人工聚落以及民俗文化在原生性景观特质形成过程中的影响，实现对景观形态表现的描述。

（一）要素分化明显、分布均匀

太湖流域传统村落景观中斑块—廊道—基质呈现较强的均匀性。从区域景观水平尺度看，形成以农耕水田为基质，道路、河流和灌溉渠道为廊道，居民点和水塘为斑块的景观镶嵌结构。

杭嘉湖地区南部分布有低山丘陵，北部水网稠密，有人工开凿的河渠溇港和运河荻塘，称作"横塘纵溇"。在雨季河水会流入太湖，在旱季则引太湖水灌溉农田。生产模式上，蓄水养鱼与植桑养蚕相结合，充分运用各类养殖资源之间的互补关系，特色鲜明。嘉湖地区的桑基农业是中国传统农业的精华，是具有代表性的景观特质。

这种农业塑造的河网、水塘、桑树和采桑女的景观是重要的原生性景观，是今后村落景观特质恢复和织补的重要素材。农民精明地经营着桑基农业的空间，在有限的空间内，通过引水蓄水和堆积土壤，不断扩大桑地面积，渐渐形成高低错落有致的地形，极具美感。桑基鱼塘是河港末端发展的结果，是桑基农业所呈现出来的小规模特色景观。

（二）以水为骨架，河网交织

太湖流域水系发达，以湖泊为主，面积广阔，总面积超过 3.6 万平方千米[1]，是对太湖流域地形地貌具有决定性影响的因素。水不仅是太湖流域传统村落景观的灵魂，也是太湖流域水乡区域景观体系的核心。渠道水网交织，水塘星罗棋布成为区域景观体系的核心。在多水的自然环境条件下形成了独特的农耕活动、聚落文化和交通运输方式，水是整体人文生态系统的关键，也是不同于其他地方景观特征的地方。

太湖流域水网平原地主要包括江苏省苏州市、无锡市和常州市等地区，其中，吴江东南是湖荡平原，吴江以西、无锡以北及常熟与昆山之间是圩田平原，常州和常熟以北是高亢平原，其余为水网平原[2]。太湖流域山地主要分布于苏浙交界处，主体位于浙江省境内，山地为太湖流域提供了丰富的水源及动植物资源，是维持地区生态平衡的重要保证，也是形成地区独特景观的重要前提。

（三）聚落布局分散、密度大、规模小

太湖流域地貌主要以太湖平原为主，河网密集，采用精耕细作的农业生产方式，耕作半径较小，农民大多择田而居，村落布局分散。改革开放后，传统村落工业化的快速发展，导致村落用地扩张，形成团块状聚落，但聚落规模明显偏小，聚落密度和破碎化程度均相对较高。

聚落因河道成因不同而分为两种，一是通过人工修建和延伸水渠围垦湖边的浅滩，在水渠两侧逐步聚集成村；另一种是对于沿河低洼土地进行筑圩改造聚居成村。顺应自然河道，村落形态多样化，如在产桑区，地形低洼，河道脉络清晰、完整连续，村落多呈线形格局；在产棉区，地形高亢，河道阻断零乱，水塘较多，村落形态多为团形。

第二节 研究思路与方法

一、研究思路

太湖流域典型传统村落原生性景观特质形成的研究主要分几步：①对研究区域西山岛的自然景观资源进行归纳和梳理。②对研究区域西山岛的人文景观成因进行分析，对传统文化进行识别。③运用 GIS 技术分析西山岛山水格局与聚落间的影响力及分布

〔1〕 乌再荣. 基于"文化基因"视角的苏州古代城市空间研究［D］. 南京：南京大学，2009.
〔2〕 周运中. 苏皖历史文化地理研究［D］. 上海：复旦大学，2010.

规律。④归纳西山镇域的村落类型及所有村落的分布统计（图6-1）。

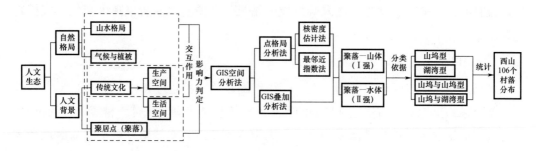

图6-1　原生性景观特质形成研究思路图

二、研究方法

在研究思路第三步中，主要采用矢量化分析法、点格局分析法、GIS空间分析法、GIS叠加分析法等具体方法对西山镇域原生性景观进行分析。其中，在分析聚落与山体、水体的关系时，主要采用了点格局分析法中的最邻近指数法和核密度估计法。

（一）矢量化分析法

本书搜集到的聚落原始数据多为栅格位图，存储空间较大且不方便量化，将一些图矢量化可以解决上述问题。矢量化是利用数字图像处理算法，把栅格位图上包含的所有栅格点阵信息提取为容易理解的点、线、面等矢量形式，并形成一定的拓扑层次，经保存后得到最终的矢量副图。

矢量化技术是矢量化的具体应用技巧，能够把栅格位图中的点、线及面转化为相应的矢量形式，而不同的元素转化过程略有不同。点的转化比较简单，仅需要将栅格位图中的点中心坐标换成矢量形式下相应的坐标；线元素的矢量化是将线元素的线性轮廓提取后进行反复的点元素提取，是点元素矢量化的不断叠加，确定各点间的逻辑关系后，线元素的矢量化就整体转换完成；面元素的矢量化首先是对属性相同的图像进行特征提取，然后对边界进行矢量化处理并确定拓扑关系，最后对图像内部及属性相同的面进行处理以获得最终的面矢量元素。按照以上步骤对栅格位图进行处理、细化后，可以获得点、线（直线及曲线）、面等矢量元素。

本书具体运用的是基于轮廓线的方法。该方法最开始用于要求不高的图像细化中，大致处理思路是检测图像轮廓元素，提取点中心，并以该点为轴构建矢量中轴。该方法适用于处理毛刺、气泡较多的图像，具有处理效率高、准确性好，同时缺点也比较突出，主要是算法不稳定，对图像交叉部分处理能力弱，处理程序烦琐等。

（二）点格局分析法

点格局分析法是地理学常用的研究方法，起源于植物生态学领域，早在20世纪30年代就被提出。该分析法将每个研究对象看作是空间中的一个"质点"，多个研究对象形成空间的点格局视图，以此分析研究体系的分布格局及组合规律，如旅游景点、银行网点、超市、城市产业等的分布，着重考虑研究对象在空间上的位置特性，却容易弱化研究对象本身具有的特征。空间点格局分析法逐渐完善扩展，被应用到医学、地理学、考古学、经济学等多个学科，精确提取分析研究对象的空间格局特征，如人口的分布疏散、经济活动强弱区域分布等，主要表现为随机分布、集聚分布、均匀分布等三种分布形态。最常见的点格局分析法包括热点分析、最邻近距离分析、函数分析、样方分析等。

（三）GIS 空间分析法

利用 GIS 模拟聚落地形，可直观反映出地形空间纹理特征。本书采用的地形原始数据来自地理空间数据云——数字地形模型（Digital Terrain Model，DTM）。DTM 是空间数据库中所记录空间地形数据的概称，用以分析地表高低起伏特征，其中，具有高程属性的数据集称作数字高程模型（Digital Elevation Mode，DEM）。DEM 记录了原始的地貌数据特征（包括高程点、等高线等），需通过插值法获取整体高程信息，这是由于插值法采用有限差迭代，既保证了局部插值的准确性、表面的一致性，又实现了较快速度运行。改进后的 DEM 常被用于地形、地貌的还原分析，如山川、河流等，并被扩展应用于景观设计、规划向导等方面，如解析场地起伏状况，并以三维形式进行显示，便于察看。

（四）GIS 叠加分析法

聚落景观特质是由地形、水体、聚落、绿地及道路等多要素构成的统一体，各类要素的空间关系分析适用于 GIS 空间叠加分析方法。该方法对空间匹配，且对同一坐标系中的两幅或多幅图形的属性进行矢量或栅格运算，从而将不同要素的相互作用或主导关系整合于一幅地图中。由于该法不仅实现对图片的"相加"，而且对内在的数据属性进行赋权计算，被用于城市规划、景观规划等方面。如在一个山高且偏僻的地方作业时，首先需要了解并掌握周边环境和地貌概况，这需借助于高程点和等高线开展高程分析，明晰场地的高低起伏，基于高程分析结果对坡向与坡度进行分析并分级；针对场地所在位置及规划遵从的标准规范对规划和建设过程中的关键影响因素进行提取，标识建设过程中需要警惕的因子；进行场地光照信息评估，得到整体光照分布图；对山脊较多的场地进行山脊分析。最后，采用 GIS 叠加分析法将场地环境和影响因素进行多因子分析，得到场地综合评价图，从而为场地的前期设计、规划，以及后期的工作提供指导与借鉴。

第三节 "山水格局—聚落"影响力分析

原生性景观特质形态分布的原因及聚落的分布与周边环境的关系，可以通过量化的方法来解答。对于西山岛这样的中尺度级原生性景观，主要研究的是传统村落各自然景观资源要素分布规律，以及它们与以聚落为主的人文景观资源之间的关系。本部分将运用 GIS，结合地理学、生态学的量化研究方法，深入分析西山中尺度级原生性景观特质。

一、数据来源

本书采用的数据涉及矢量和栅格两类空间数据（表 6-2）。其中，土地利用类型图和道路分布图依据西山镇（2007 年更名为金庭镇）总体规划 CAD 底图进行提取，同时通过实地调研与文献查阅进行补充说明；数字地形图源自国家地理空间数据云的 DEM 数据库，选取精度为 30 米的 ASTGTM_N31E120J 数字 DEM 地形图；卫星图来自全能电子地图的谷歌地球数据库。

表 6-2　西山研究数据来源表

数据名称	数据描述	数据来源
土地利用类型图（2006 年）	矢量数据	西山镇总规 CAD 图纸
用地类型说明（2006 年）	属性数据	西山镇规划局总规图册
数字地形图（2015 年）	栅格数据	地理空间数据云金庭镇 DEM 图纸
道路分布图（2006 年）	矢量数据	西山镇总规 CAD 图纸
卫星图（2018 年）	栅格数据	谷歌地球金庭镇高清卫星图纸
传统聚落名目（2006 年）	属性数据	西山镇古聚落保护规划图纸

二、景观特质研究流程

景观特质研究流程包括以下几个。

（1）确定西山传统聚落名目。苏州市规划局在 2006 年西山镇传统聚落普查中，认定具有一定历史风貌的传统聚落共 106 个（表 6-3）。

（2）提取矢量化景观形态要素。

（3）建立景观形态要素属性数据库。

（4）进行空间关系处理。

（5）比较分析聚落同其他景观形态要素的空间关系。

表 6-3　太湖西山景区具有历史风貌的传统聚落名录

编号	村名	编号	村名
1	新东村	54	南湾
2	金锋村	55	杨巷里
3	震荣村	56	黄家堡
4	吴村头	57	石公村
5	劳家桥	58	仇巷
6	沉思湾	59	马徐村

编号	村名	编号	村名
7	东上	60	陆家坞
8	庭山村	61	坞里村
9	后埠村	62	外屠坞
10	新埠村	63	里屠坞
11	禹期村	64	周坞
12	俞家弄	65	植里村
13	岭东湾	66	东村
14	金鹿村	67	张家湾
15	东河滩	68	爱国村
16	蒋东村	69	西湾
17	蒋家巷	70	堂里村
18	鹿村	71	涵头村
19	头陀桥	72	涵村
20	余丰村	73	梅堂坞
21	北庄	74	孙坞
22	坝基桥	75	秉汇村
23	中桥村	76	葛家坞
24	田岸头	77	戚家里
25	埯里村	78	徐巷
26	金庭村	79	倪家坞
27	东河社区	80	秉常村
28	杨家场	81	汇里
29	窑上	82	缥缈村
30	朱家弄	83	东阳汇头
31	后堡村	84	石路头
32	中腰里	85	谢家堡
33	居山	86	土斤村
34	前堡村	87	岭东
35	洞山下	88	震星村
36	秉场村	89	绮里
37	张家村	90	峧上
38	俞家渡	91	慈东
39	林屋村	92	慈西
40	秉常村	93	仰坞里
41	毛竹场	94	慈里
42	胡家地	95	震建村

编号	村名	编号	村名
43	双塔村	96	马家门前
44	梅家村	97	蛇头山
45	徐家场	98	劳村
46	山东村	99	堂里
47	夏家底	100	瞳里
48	许巷里	101	山下
49	樟埠	102	周家村
50	石公村	103	柯家村
51	金巷	104	前河
52	肠坞	105	小埠里
53	明月湾村	106	衙里

利用 ArcGIS10.0 软件对各类景观形态要素进行空间关系分析后，可分别比较聚落与其他原生性景观形态要素的空间分布关系，具体包括如下几类。

聚落与山体的关系：将获取的西山地理高程数据导入 ArcGIS10.0 软件，模拟出西山的地形态势，同时叠加 106 个聚落，分析聚落与山体的空间关系，并统计不同高程中各聚落的分布数量。

聚落与水体的关系：根据西山镇用地分类现状图，提取各种类型的水体，包括湖泊、河流及鱼塘，并利用 ArcGIS10.0 软件制作主要水系 300 米、600 米和 900 米的缓冲区分布图，基于此，分析聚落与水体三级缓冲区之间的关系。

聚落与道路的关系：根据西山镇总规 CAD 图纸，绘制交通道路网，并利用 ArcGIS10.0 软件制作主要道路的 100 米、200 米和 300 米的缓冲区范围。基于此，分析聚落与道路的空间关系，统计出不同缓冲区内聚落分布的个数，以此判断聚落和道路是否存在依赖关系。

聚落与农田的关系：根据西山镇用地分类现状图，提取农田用地，同时叠加 106 个聚落，分析聚落与农田的空间关系。

三、原生性景观特质的要素分析

（一）聚落分布分析

建筑与聚落是人类发展的产物，是传统村落景观的典型代表和反映传统地域文化景观的直接图式。

（1）聚落空间分布呈集聚模式。西山的聚落分布是否存在一定的集聚分布特征，以 ArcGIS10.0 软件中的空间分析模块 Average Nearest Neighbor 进行探测，结果见表 6-4。可见，西山聚落分布的邻居之间的平均距离（Observed Mean Distance）$\overline{d_{\min}}=$ 542.274014 米，期望的随机分布平均距离（Expected Mean Distance）E（dmin）＝

594.059829 米，两者之间的比值（Nearest Neighbor Ratio）$R=0.912827<1$，z 分数（*z-score*）$=-1.716977$。因此，西山传统聚落分布呈现出明显的凝聚特征。

表 6-4 最邻近指数法测度表

指标	数值
邻居之间的平均距离	542.274014
期望的随机分布距离	594.059829
邻居之间的平均距离/期望的随机分布距离	0.912827
z 分数	-1.716977
p 值	0.085983

由 ArcGIS10.0 软件生成的空间分布类型模拟图（图 6-2）可以看出，西山传统聚落属于第一种——聚集分布模式（Clustered），且鉴于 *z-score*$=-1.716977$，这种聚集模式约有 10% 属于随机聚集。

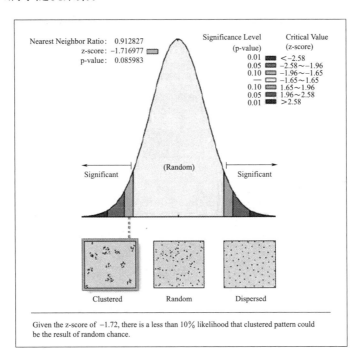

图 6-2 西山传统聚落空间分布类型模拟图

（2）聚落空间密度呈环状特征。为更直观地揭示传统聚落的空间分布规律，利用 ArcGIS10.0 软件对西山传统聚落进行密度制图分析。通常，分布密度的衡量主要有三种表达方法，即核密度、点密度及线密度，这里使用较为直观平滑的核密度估计法分析西山传统聚落的空间分布格局及其趋势。以 ArcGIS10.0 软件中的 Kernel Density 工具对西山传统聚落进行核密度分析，经过多次试验，分别生成带宽为 2000 米和 1000 米的西山传统聚落核密度图（图 6-3、图 6-4）。

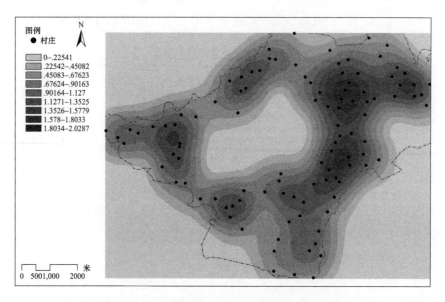

图 6-3　2000 米带宽的西山聚落核密度分布图

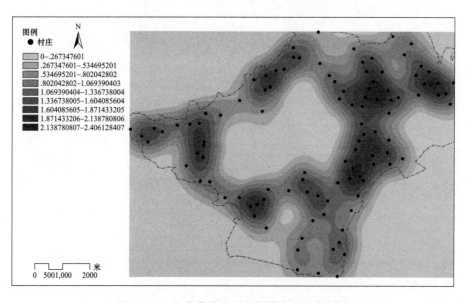

图 6-4　1000 米带宽的西山聚落核密度分布图

　　由图 6-3 可知，西山传统聚落分布形成六个高密度核心区，其整体空间形态呈环状。这六大片区包括东北部西山街道地区、东河滩水塘养殖区、东部胡家地环山片区、西南部徐巷环山农田片区、西部慈里环山片区、涵村环山临湖片区。由图 6-4 可知，六大聚集片区内聚落又分成若干小的聚集区，而北部和西北部的大区内的小片聚集区较多。通过 1000 米带宽分析更能显示出西山聚落空间呈现一种带枝杈的环状分布，中部地区几乎无聚落分布，聚落均呈集聚状散落于四周。

（二）山体分析

山体地形作为自然景观特质的骨架，是一切原生性景观形态要素的基础。西山四面环湖，山体较多，地形复杂，山体对其他景观形态要素的影响较大。为此，通过地理空间数据云数据下载 2015 年精度为 30 米的 ASTGTM _ N31E120J 数字 DEM 地形图，采用自然断点（Natural Breaks）法进行色彩分级（图 6-5）。由图 6-5 可知，深色山体部分均处于相对高程 210 米之上，31 米以上为周边山体轮廓部分。

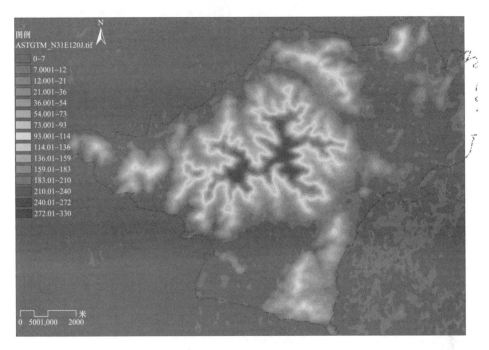

图 6-5　西山地形图

（1）山体垂直形态。采用自然断点法将 ASTGTM _ N31E120J 数字地形图进行重分类，划分为十类，并辅以阴影部分来更好地判断山体形态。西山地形主要以相对高程为 330 米的低矮丘陵为主，西山岛体垂直形态以 226～330 米、178～226 米、140～178 米、107～140 米、78～107 米、53～78 米、31～53 米七个级别为主，其余地势较为平坦，占地面积较少（图 6-6）。

（2）山体水平形态。对西山地形山体水平轮廓进行提取（图 6-7），可以发现西山山体主体呈东北—西南走向，另外四块小的丘陵分布在主体小山的四周。五块凸起的地形彼此之间有数条带状的平坦用地，西北大块山体和东南角小丘之间存在块状的平坦用地，东北部临湖大片块状区域的地势较为平坦。据此判断，西山原生性景观以山体丘陵原生性景观特质为主。

（三）水体分析

水体是最为重要和基础性的景观特质之一，它既有观赏特性，又具有服务生活生产等功能。对水体原生性景观特质进行研究，分析其与传统村落聚落关系，能够厘清聚落选址的历史原因，预判聚落未来发展的延伸空间。同时，分析水体和农田、林地等第一产业生产性用地的原生性景观特质关系，可为生产布局提供一定的优化指导。

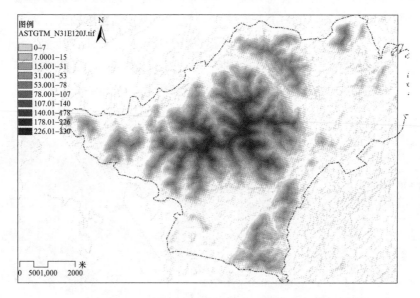

图 6-6　西山山体地形图

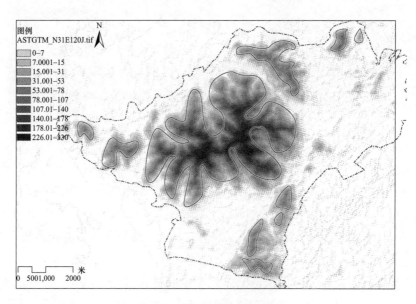

图 6-7　西山山体水平轮廓线

（1）水体类型与分布。西山位于太湖西北部，四面环水，水产丰富，造就了当地特殊的圩田环境。临湖周边分布着一些鱼塘，这些鱼塘多为大块集中式建设。围绕鱼塘，西山岛上存在几条孤立的内流河，并未形成水网的系统格局（图 6-8）。河流多沿当地农田、鱼塘等要素延伸，承担着生产灌溉功能。因此，西山的水体原生性景观特质环境以大片的湖泊为背景，星状的生产性鱼塘为主，孤立不成体系的沟渠散布。

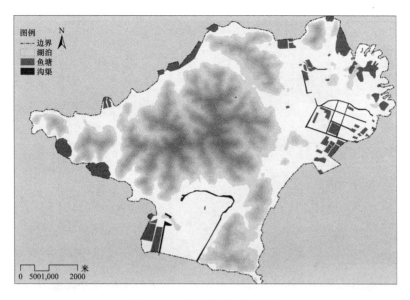

图 6-8　西山水体类型分布图

（2）水体缓冲区分析。西山四面环水，村民自古以来临水而居，水与他们的生活息息相关。在聚落初始选址时，水便具有非常重要的影响作用。西山岛内除自然和人工沟渠外，还有诸多鱼塘，分别对沟渠、鱼塘进行缓冲半径间隔为 300 米的三级缓冲分析，并同湖泊的三级缓冲区叠加（图 6-9）。缓冲区分析有助于确定水系对聚落布局的影响范围。

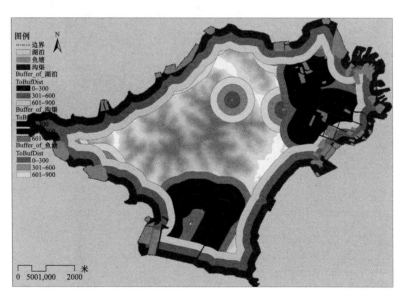

图 6-9　西山水体类型缓冲图

（3）地表径流分析。采用 ArcGIS10.0 软件中的 Hydrology 内置模块算法模拟西山的地表径流。首先，对 DEM 进行洼地填充预处理，获得无洼地的西山 DEM（图 6-10）。在洼地填充的基础上利用 Flow Direction 工具计算径流方向（图 6-11），再利用 Flow Accumulation 工具计算西山累积流量（图 6-12），取阈值汇流累积量大于 1000，得到结果（图 6-13）。

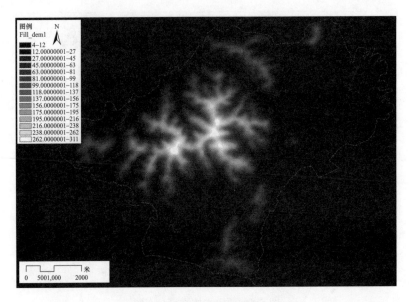

图 6-10　西山 DEM 洼地填充处理图

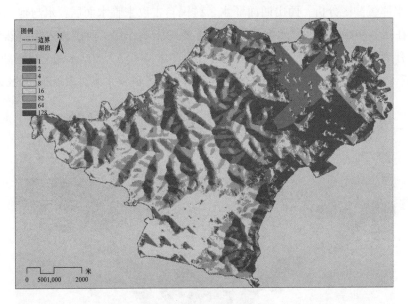

图 6-11　西山径流方向图

由图 6-13 可知，西山岛上的地表径流多从西部小山上汇流而下，并流向四周的水体及平地上，最后汇集到太湖中。大部分径流流入太湖所经过的汇水口，基本都设有生产性鱼塘。但这些径流路径并未和岛上现存的河流路径完全重合，间接地说明岛上地形并不是形成现有河流的决定性因素，大部分现存河流多为人工挖掘而成。

四、聚落与山水空间关系分析

构成中尺度级原生性景观的要素对传统村落原生性景观特质的影响主次有别，而与人类活动最为密切的要素是传统村落聚落，接下来重点分析传统村落聚落与各景观要素间的关系。

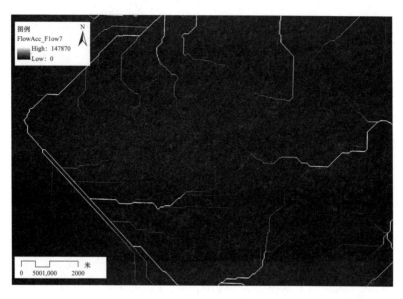

图 6-12 西山径流累积流量

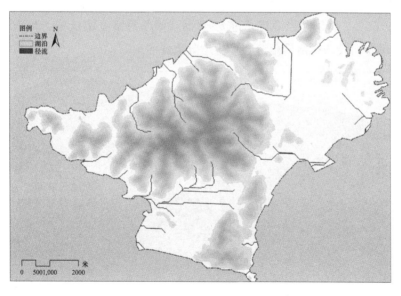

图 6-13 西山径流分布图

（一）聚落与山体关系分析

将西山山体地形图和聚落区位图导入 ArcGIS10.0 软件中，模拟山体和传统村落聚落的关系（图 6-14）。由图 6-14 可知，聚落基本围绕凸起的小山分布，大部分都坐落于各个山丘之间的带状平坦山谷中，部分分布于东北的块状平坦用地。这表明西山的聚落空间分布受山体地形影响较大。

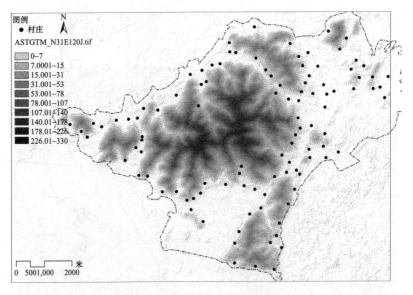

图 6-14 聚落和山体水平空间关系图

　　根据图 6-15 分析竖向上聚落的分布状况，统计出十个高程等级下的聚落分布数量（表 6-5 和图 6-16）。由表 6-5 可知，7～15 米聚落数量最多，达 75 个，占聚落总数的 68.18%；其次 15～31 米的聚落数量为 22 个，占比 20.00%；0～7 米的聚落数量为 11 个，占比 10.00%。特别是当海拔超过 53 米时，聚落数量急剧减少，趋于零。这间接地说明山体地形对传统村落聚落分布产生十分重要的影响。

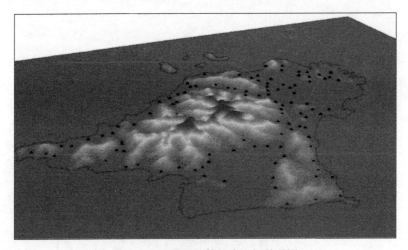

图 6-15 聚落和山体垂直空间关系图

表 6-5 不同海拔下聚落点群分布

等级	海拔（米）	数量（个）	占比（%）
1	0～7	11	10.00
2	7～15	75	68.18
3	15～31	22	20.00

等级	海拔（米）	数量（个）	占比（%）
4	31～53	2	1.82
5	53～78	0	0
6	78～107	0	0
7	107～140	0	0
8	140～178	0	0
9	178～226	0	0
10	226～330	0	0

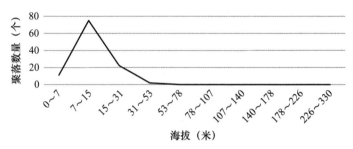

图 6-16　不同海拔下聚落数量趋势图

进一步将山体影响等级与聚落叠加（图 6-17），从而更清晰地探测各聚落受山体要素影响程度的分级。

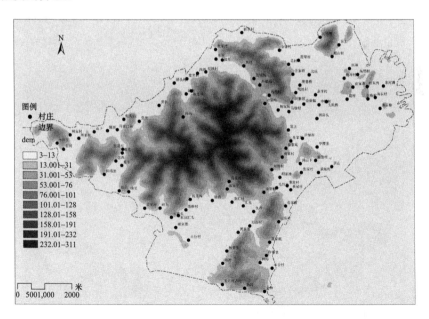

图 6-17　山体影响因素分级与聚落分布

（二）聚落与水体关系分析

通过对不同类型水体进行缓冲区分析，发现聚落与不同水体间的空间关系相差较大（图 6-18）。首先，通过图 6-19 所示对聚落和沿太湖缓冲区的空间关系分析可知，沿岛内四周分布的聚落多临湖而建，且距离湖泊越近，聚落个数越多，其中，0～300 米范围内，西山传统聚落的个数最多，其次为 300～600 米，这表明太湖对于聚落的空间分布具有一定的影响。通过图 6-20 所示对聚落和鱼塘缓冲区的空间关系分析可知，鱼塘对传统村落聚落的空间分布影响较弱，两者没有明显的相关性，这是由于鱼塘的建设不必邻接村落，而是更多地考虑水源因素。此外，图 6-21 所示聚落和沟渠缓冲区的空间关系分布表明，仅南部地区聚落呈沿 L 形沟渠分布，北部聚落多分布于平坦开阔地带，位置较为孤立，同沟渠关系较松散，这表明沟渠对西山传统聚落的分布起到一定影响，但并不绝对。综上可知，西山岛的村民生活和生产用水主要来自太湖，四面临湖的特殊水环境是聚落选址考虑的重要因素。

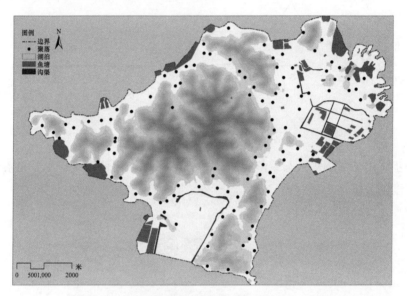

图 6-18　传统村落聚落和三类水体空间关系分布图

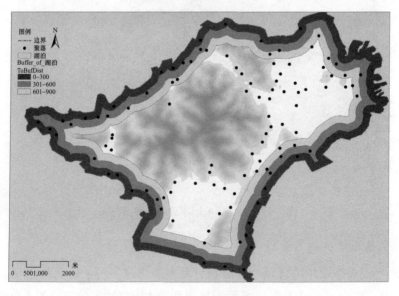

图 6-19　西山聚落和沿太湖缓冲区的空间关系

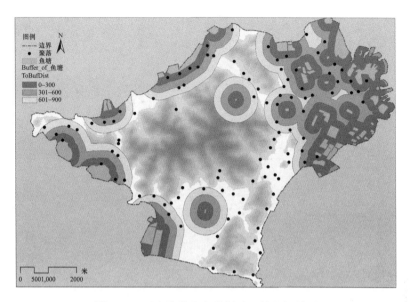

图 6-20　西山聚落和鱼塘缓冲区的空间关系

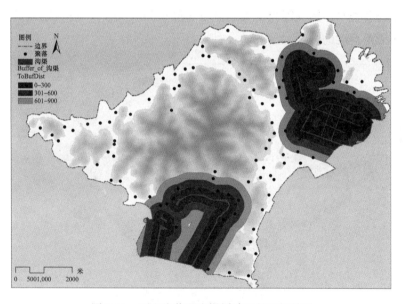

图 6-21　西山聚落和沟渠缓冲区的空间关系

由图 6-22 可知，地表径流主要来自凸起的山丘汇流而成，较均匀地分布于山体四周。传统村落聚落选址和径流有一定的关联性，尤其是北部山丘内部的传统村落聚落，多沿径流呈带状走向。雨季在山丘内部形成的径流，多形成小溪，为居民提供生产和生活用水，但东北地区平坦地带和东南地区聚落与径流关系不大。

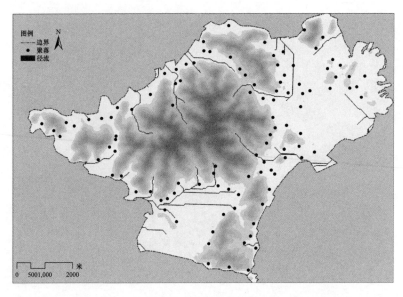

图 6-22　传统村落聚落和地表径流空间关系分布图

　　进一步将各类水体影响等级与聚落叠加（图 6-23），从而可清晰地判别各聚落受水体综合要素影响程度的分级。

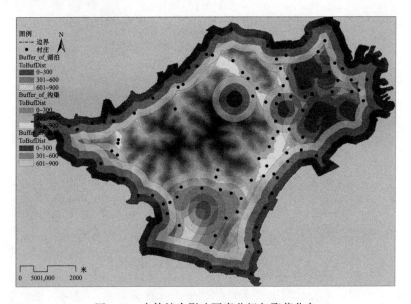

图 6-23　水体综合影响因素分级与聚落分布

　　通过传统村落聚落与其他单要素景观特质间的空间关系分析可知，地形及水系对聚落的空间分布影响较大，前两者占主导因素，农田在各类要素中的影响微乎其微，往往处于被动影响地位（表 6-6）。

表6-6　不同要素对聚落的综合影响力系数的判断

影响要素	影响力判定
山体—聚落	Ⅰ
道路—聚落	Ⅱ

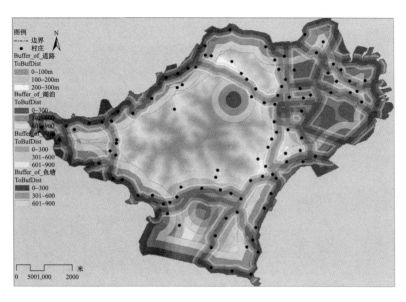

图 6-24　主要原生性景观形态要素对聚落分布的综合影响分布图

　　进一步将主要影响要素与聚落分布点进行综合叠加（图 6-24），由图 6-24 可知，山体奠定了西山的地表，道路是串联整个西山聚落的纽带，山体轮廓和交通体系在西山形成一个整体，沟渠和鱼塘则呈零星状分布于西山内，太湖将整个西山环抱在其中。利用 ArcGIS10.0 软件对综合影响分布图的属性进行实时追踪查询，统计出不同影响力下各类聚落的数量和名称（表 6-7 和表 6-8）。由表 6-7 和表 6-8 知，高等级综合影响力下的聚落有 84 个，占总数量的 79.25%，如新东村、毛竹场、坞里村、石路头、金锋村、胡家地、外屠坞、谢家堡、震荣村、双塔村、里屠坞等；低等级综合影响力下的聚落有 19 个，占总数量的 17.92%，如后埠村、金鹿村、头陀桥、居山、新埠村、东河滩、余丰村、前堡村、禹期村、蒋东村等；第三等级综合影响力下的聚落有 3 个，占总数量的 2.83%，如孙坞、葛家坞、土斤村。通过综合影响力的判定可以发现，西山的聚落分布特征较为明显，地形和水系对聚落的分布具有绝对主导的影响力。

表6-7　聚落受不同要素影响的分布分级占比

受要素影响分级	数量（个）	占比（%）
高等级	84	79.25
低等级	19	17.92
第三等级	3	2.83

表 6-8 聚落受不同要素影响的分布统计分级表

受要素影响分级	村落名称			
高等级	新东村	毛竹场	坞里村	石路头
	金锋村	胡家地	外屠坞	谢家堡
	震荣村	双塔村	里屠坞	土斤村
	吴村头	梅家村	周坞	岭东
	劳家桥	徐家场	植里村	震星村
	沉思湾	山东村	东村	峧上
	东上	夏家底	张家湾	慈东
	庭山村	许巷里	爱国村	慈西
	后埠村	樟埠	西湾	仰坞里
	中桥村	石公村	堂里村	慈里
	金庭村	金巷	涵头村	震建村
	东河社区	肠坞	涵村	马家门前
	杨家场	明月湾村	梅堂坞	蛇头山
	窑上	南湾	孙坞	劳村
	朱家弄	杨巷里	秉汇村	堂里
	后堡村	黄家堡	葛家坞	瞳里
	中腰里	石公村	徐巷	山下
	居山	仇巷	秉常村	周家村
	前堡村	马徐村	汇里	柯家村
	张家村	陆家坞	缥缈村	前河
	秉常村	衙里	东阳汇头	小埠里
低等级	后埠村	金鹿村	头陀桥	居山
	新埠村	东河滩	余丰村	前堡村
	禹期村	蒋东村	北庄	秉场村
	俞家弄	蒋家巷	中桥村	张家村
	岭东湾	鹿村	田岸头	
第三等级	孙坞	葛家坞	土斤村	

五、西山传统村落原生性景观要素之间的关联性

西山传统村落原生性景观要素主要有聚落、山体、水体、道路和农田等。通过研究分析，主要有以下结论：一是总体而言，西山的山体和水体对聚落的空间分布影响较大，占主导因素，农田在各类要素中的影响较小，往往处于被动影响地位。二是山体地形对传统村落聚落分布具有十分重要的影响，表现为西山的聚落基本围绕凸起的小山分布，大部分都坐落于各个山丘之间的带状平坦山谷中，部分分布于东北的块状平坦用地；三是传统村落聚落和水体有较强的关联性，表现为西山岛四面临湖，地表

径流主要来自凸起的山丘汇流而成，较均匀地分布于山体四周，西山村落，尤其是北部山丘内部的传统村落聚落，多沿径流呈带状走向。

第四节　"山水格局—聚落"类型及分布

一、村落分类依据

原生性景观是由村落建筑、农田、水体、山体、道路等要素组成的景观整体，诸如农田与建筑的关系、建筑与建筑之间的配置关系、农田的区块划分、道路网及水体构成、地形特点及林木种植等都直接影响着村落景观特质的结构。一个完整的原生性景观概念应是上述综合因素及其相互关系的集合[1]。根据前一节量化分析的结果，西山传统村落聚落分布主要受山体和四面环湖的水体两大因素影响，形成了山坞型、湖湾型、山坞与山坞组合型、山坞与湖湾组合型四类传统村落原生性景观特质形态，其余道路系统、地表径流对传统村落聚落的分布只是局部影响，并不具备全局的强相关性。

（一）山坞

山坞是众多地貌单元中的一种，是由地壳运动而形成的形似船坞的形态。整体来看，它是一种特殊的谷地，主要特征是底部空间平坦宽阔、向外倾斜。西山村落大多分布在山坞之中。山坞依据规模大小和长度，分为浅坞和深坞两大类。

浅坞长度小于500米，通常在300米左右，与周围山体相对高差小于100米，坞口敞开，朝坞内渐窄。坞底坡度为7°～8°，两侧坞坡坡度为15°～20°。浅坞环山分布，一般无主支坞之分，分叉较少。浅坞较适合人类居住，主要是由于地形比较隐蔽，不易被人察觉，冷空气也不易进入，整个倾斜的坡度相对来说比较平缓，灌溉便利，阳光较好，土地也很肥沃，十分适合农作物的种植，成为原先西山居民的首选之地。在南向的浅坞中，西山的村落大多分布于此，而北向在坞底长500米以上的深坞中，只有很少一部分村落，比如西山的后埠村和东村等，与周围山地的高差大于100米，坞底倾斜在5°上下，两侧坞坡坡度为15°～25°，坞头坡度可达25°～30°。深坞一般由一条主坞与数条支坞组成，平面呈树枝状，如西山的堂里村、涵村坞、葛家坞、包山坞、水月坞、天王坞、绮里坞、罗汉坞等。深坞坞口两侧和坞口外侧坡麓的地形部位水土条件优越，利于柑橘、枇杷等常绿果树生长，但坞底和坞头的地形位势极易积聚冷空气，不适宜种植常绿果树[2]。

---

〔1〕 李立.乡村聚落：形态、类型与演变［M］.南京：东南大学出版社，2007.

〔2〕 曹健，张振雄.苏州洞庭东、西山古村落选址和布局的初步研究［J］.苏州教育学院学报，2007，24（3）：72-74.

（二）湖湾

山体长时间受到河流侵蚀后底部向下沉降，久而久之便形成了新的地形风貌——湖湾。湖湾的岬口附近由于长期遭受腐蚀，水位较深，便于船只停靠出行。在泥沙汇集之处，土层深厚，地势平坦开阔，对于日常的农作物灌溉、家禽的养殖十分有利，且由于坡度比较平缓，不易遭受洪涝等自然灾害的影响，便于人们搭建房屋。此外，太湖湖湾区域湖水深度保持在 1.5~2.0 米，适合鱼类的繁殖，水产十分丰富。如果圈定区域，围网养殖，则既能节约大量土地，又能取得可观的经济效益，对水资源的大力开发和整个渔业的养殖发展具有积极的促进作用。

村落位置的选择不是唯一的，背部靠山的"湖湾"也是适宜人们定居的地方。西山湖岸比较曲折，隶属于岩岸，附近的湖湾多不胜数。通过查阅西山镇志发现，此处共有约 22 个山坞和 21 个湖湾。其中朝向为南的湖湾无论是自然条件，还是所处的地域环境都十分优越，如西山的明月湾村等。

二、山坞型村落分布

山坞型村落具有独特的布局结构，即内凹布局，如植里村、堂里村和涵村。居民以设有水塘或水井，或种有香樟树的坞口为中心，构成棋盘状的居住格局（图 6-25）。这种居住格局具有很好的安全防御功能。

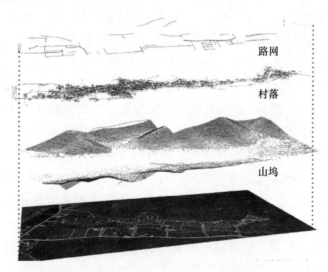

图 6-25　山坞型村落原生性景观形态

太湖地区历来匪患成灾，直到 20 世纪 50 年代初匪患才得以根除，因此安全问题成为湖滨和山区传统村落选址的重要因素。山坞高出太湖湖面一定距离，在空间上成为一个相对封闭的单元，加上隐蔽性较好，既可以防止匪患袭扰，又可以躲避洪水侵袭。山坞的空间相对封闭，有利于凝聚村民的向心力。另外，坞口作为山坞的出口，起到了走廊效应，这些因素使得山坞易守难攻，有利于防御来自太湖盗匪的袭扰。西山的山坞平均海拔不高，集水面较小，极少暴发山洪，另外，山坞高出太湖湖面，致使太湖水很难侵入。

通过调研统计，西山的山坞型村落共 28 个，11 个村落坞体朝向东西，17 个村落坞体朝向南北。其中，下泾、植里村等 24 个村落聚落分布在浅坞中，涵村等 4 个村落聚落分布在深坞中，具体见表 6-9。

表 6-9 山坞型原生性景观特质村落分布

村落名	村落附近的山名、坞名	山坞或山体走向	深坞或浅坞
下泾	貌虎顶、山间谷底地	东西	浅坞
植里村	貌虎顶、山间谷底地	东西	浅坞
周坞	貌虎顶、山间谷底地	东西	浅坞
涵村	凉帽顶	南北	深坞
梅堂坞	凉帽顶	南北	深坞
孙坞	凉帽顶	南北	深坞
堂里村	缥缈峰、西湖山、水月坞	东西	深坞
正建	石屋顶、仰坞、施罗坞	东西	浅坞
葛家坞	笠帽顶、缥缈峰	东西	浅坞
鹿村	圣姑山、禹期峰	东西	浅坞
天王	帘子山、四昆山	南北	浅坞
沈家场	帘子山、四昆山	南北	浅坞
陈家坞	帘子山、四昆山	南北	浅坞
戚家场	帘子山、马石山、杜背山	南北	浅坞
杨家场	帘子山、马石山、杜背山	南北	浅坞
马村	帘子山、马石山、杜背山	南北	浅坞
劳家桥	扇子山、帘子山	南北	浅坞
北庄	扇子山、帘子山	南北	浅坞
二图	扇子山、帘子山	南北	浅坞
窑上	七墩山、片牛山、洞庭西山	南北	浅坞
朱家弄	七墩山、片牛山、洞庭西山	南北	浅坞
后堡	七墩山、片牛山、洞庭西山	南北	浅坞
焦山上	七墩山、片牛山	南北	浅坞
腰里	七墩山、片牛山	南北	浅坞
前头坟	野猫洞、架浮阁、洞庭西山	东西	浅坞
梅园里	野猫洞、架浮阁、洞庭西山	东西	浅坞
双塔头	野猫洞、架浮阁、洞庭西山	东西	浅坞
秉场	野猫洞	东西	浅坞

三、湖湾型村落分布

湖湾型村落最大的特色在于村落沿湖湾展开，主要依靠太湖水提供水源，最典型的为明月湾村，该村落平面呈马蹄形，使得太湖水的引入更加便利（图6-26）。

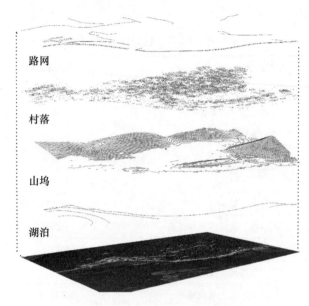

路网

村落

山坞

湖泊

图 6-26　湖湾型村落原生性景观形态

西山湖湾型村落共 24 个，其中 19 个村落湖湾朝南向，2 个村落湖湾朝东向，3 个村落不明确；东湾村、西湾村等 17 个村落聚落所临湖湾岸线较曲折，南湾村、明月湾村等 7 个村落聚落临湖湾岸线较平缓，具体见表 6-10。

表 6-10　湖湾型原生性景观特质村落分布

村落名	村落所处湖湾名	湖湾朝向	湖湾岸线平缓或曲折
东湾村	不明确	朝南	曲折
西湾村	不明确	朝南	曲折
涵头村	不明确	朝南	曲折
劳村	不明确	朝南	曲折
陈巷里	不明确	朝南	曲折
五丰	不明确	朝南	曲折
石井头	不明确	朝南	曲折
山下	不明确	朝南	曲折
南湾村	南湾、明月湾（大明湾、小明湾）	朝南	平缓
明月湾村	明月湾（大明湾、小明湾）	朝南	平缓
旸坞	旸湾	朝南	平缓
石公	明月湾（大明湾、小明湾）	朝南	平缓

续表

村落名	村落所处湖湾名	湖湾朝向	湖湾岸线平缓或曲折
梧巷里	不明确	不明确	曲折
夏家底	夏家湾	朝东	平缓
樟坞里	不明确	不明确	曲折
许巷里	不明确	不明确	曲折
外鱼池	外鱼池	朝南	曲折
荡田	外鱼池	朝南	曲折
坝基桥	外鱼池	朝南	曲折
养马圩	外鱼池	朝南	曲折
小桥头	外鱼池	朝南	曲折
头陀桥	外鱼池	朝南	曲折
徐湾	徐湾、东湾、西湾	朝东	平缓
秉常	秉湾	朝南	平缓

四、山坞与山坞组合型村落分布

在村落的发展进程中，随着人口的不断壮大，安全问题和家族维系自然就被考虑在内，这使得两个彼此相邻的村落容易连结为一个大的村落，即山坞与山坞组合型村落。山坞与山坞组合极具特色，两坞之间有古街相通，主轴平面形态呈一字形（图6-27）。

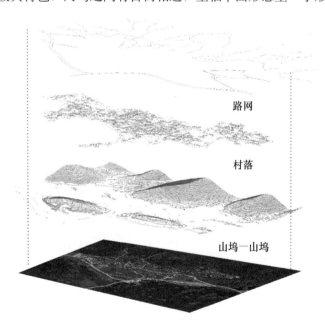

路网

村落

山坞—山坞

图6-27 山坞与山坞组合型村落原生性景观形态

西山的山坞与山坞组合型村落共8个，所有村落坞体都朝向东西，同时聚落分布在浅坞中，具体见表6-11。

表 6-11　山坞与山坞组合型原生性景观特质村落分布

村落名	村落附近的山名、坞名	山坞或山体走向	深坞或浅坞
东村	栖贤山、贝锦峰，栖贤坞	东西	浅坞
周家边	缥缈峰、北邙坞、倪家坞等	东西	浅坞
西蔡里	缥缈峰、北邙坞、倪家坞等	东西	浅坞
秦家边	缥缈峰、北邙坞、倪家坞等	东西	浅坞
东里	缥缈峰、北邙坞、倪家坞等	东西	浅坞
东蔡村	缥缈峰、北邙坞、倪家坞等	东西	浅坞
庙东	缥缈峰、葛家坞	东西	浅坞
秉汇	缥缈峰、葛家坞	东西	浅坞

五、山坞与湖湾组合型村落分布

山坞与湖湾组合型村落虽然在村落选址和布局设计等方面不同于山坞团状布局，但其内部构造存在较大差异。山坞与湖湾组合型村落是两个不同地形单元之间的结合体，其湖口面向湖湾，最典型的如三山岛和角里村（图 6-28）。

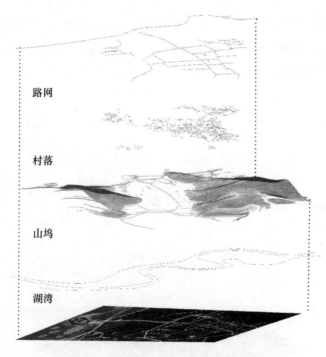

图 6-28　山坞与湖湾组合型村落原生性景观形态

西山的山坞与湖湾组合型村落共 38 个，都分布于浅坞中，其中 27 个村落坞体朝向东西，11 个村落坞体朝向南北，16 个村落湖湾朝东，6 个村落湖湾朝西，3 个村落朝北，2 个村落朝南，5 个村落朝东西，2 个村落朝西北，4 个村落尚不明确。具体见表 6-12。

表 6-12 山坞—湖湾组合型原生性景观特质村落分布

村落名	村落附近的山名、坞名	山坞或山体走向	深坞或浅坞	村落所处的湖湾名	湖湾朝向
甪里村	平龙山、牛肠山、茅坞	东西	浅坞	甪湾	朝东西
前里	平龙山、牛肠山、茅坞	东西	浅坞	甪湾	朝东西
小埠里	平龙山、马王山	东西	浅坞	甪湾	朝东西
衙里	平龙山、马王山	东西	浅坞	衙里湾	朝东西
大埠里	平龙山、马王山	东西	浅坞	甪湾	朝东西
绮里	绮里坞	东西	浅坞	不明确	不明确
绞上	绮里坞	东西	浅坞	不明确	不明确
震星	弹子岭、绮里坞	东西	浅坞	不明确	不明确
岭东	弹子岭	东西	浅坞	不明确	不明确
仇巷	四龙山	东西	浅坞	消夏湾	朝西
黄家堡	馒头山	东西	浅坞	消夏湾	朝西
张巷	馒头山	东西	浅坞	消夏湾	朝西
杨巷	馒头山	东西	浅坞	消夏湾	朝西
蔡巷	馒头山	东西	浅坞	消夏湾	朝西
山东	四龙山	东西	浅坞	不明确	朝东
前堡	七墩山、片牛山	南北	浅坞	不明确	朝东
洞山	野猫洞、架浮阁	东西	浅坞	不明确	朝东
张里	野猫洞、架浮阁	东西	浅坞	不明确	朝东
镇夏	野猫洞、架浮阁	东西	浅坞	不明确	朝东
俞家渡	野猫洞	东西	浅坞	不明确	朝东
岭东湾	乌峰顶	南北	浅坞	岭东湾	朝东
金村	乌峰顶	南北	浅坞	岭东湾	朝东
东河滩	乌峰顶	南北	浅坞	岭东湾	朝东
蒋家巷	元山	南北	浅坞	大圣湾	朝东
元山	元山	南北	浅坞	元山湾	朝东
后埠村	圣姑山、禹期峰	东西	浅坞	后埠湾	朝东
前湾	圣姑山、禹期峰	东西	浅坞	后埠湾、前湾	朝东
辛村	圣姑山、禹期峰	东西	浅坞	辛村湾	朝东
俞东	圣姑山、禹期峰	东西	浅坞	后埠湾	朝东
沉思湾	渡渚山、大庭山	东西	浅坞	沉思湾	朝西北
渡渚	大庭山	东西	浅坞	渡渚湾	朝西北
金铎	扇子山、金铎坞	南北	浅坞	金铎湾	朝北
白塔湾	扇子山	南北	浅坞	白塔湾	朝北
吴村头	扇子山	南北	浅坞	白塔湾	朝北
横山	横山	南北	浅坞	蛇口湾、枝罗湾、南孙湾、北罗湾	朝东
阴山	阴山	南北	浅坞	山东湾	朝西
慈西	石屋顶、仰坞、施罗坞	东西	浅坞	慈湾	朝南
慈里	石屋顶、仰坞、施罗坞	东西	浅坞	慈湾	朝南

第五节　原生性景观的保护

按照前文传统村落原生性景观特质的保护对策，选取东村和鹿村为对象，分别进行从生态敏感性评价出发和从原生性景观结构出发的保护研究。

一、从生态敏感性评价出发的保护

东村是苏南水网地区传统村落的典型代表之一。东村坐落于太湖西北岛的北部，横卧于山峦之间，南靠群山，北依太湖，和绍山、横山等岛屿相邻。东村地处丘陵山区，土壤主要为黄棕壤、红壤两大类；自然植被主要沿丘陵山地分布，包括北亚热带地带性的落叶及常绿阔叶等混交林，人工植被多分布于村落的农用地及村落交通两旁等。东村面积 7 公顷，常住 500 人左右，经济生产以农业为主，无工业。街巷走势以东西走向的东村大街为主，宽 1.4～2.5 米，两侧有较多支巷，呈现丰字格局，街道总长达 3500 米。

（一）评价指标

以东村地物信息图表数据为主体，现地采集的数据为补充，收集东村传统村落自然景观信息数据。邀请包括生态学领域教授、城市规划领域高级工程师、风景园林学专家、古村落保护研究领域专家等 15 位专家从自己学科领域的角度出发，对各类因子进行预判断和综合打分，对存在分歧的因子进行论证评判，最终得出评价指标，见表 6-13。

表 6-13　东村传统村落自然景观生态敏感性评价指标表

单因子指标	评价标准	生态敏感性	分值
地形	0.91～8.15 米	低	1
	8.15～15.39 米	一般	3
	15.39～24.19 米	中	5
	24.19～35.74 米	较高	7
	35.74～51 米	最高	9
坡度	缓坡≤15°	低	3
	陡坡 25°～35°	一般	5
	急陡坡≥35°	最高	9
坡向	东 45°～135°	较高	7
	南 135°～225°	最高	9
	西 225°～315°	一般	5
	北 315°～45°	低	3
地质灾害	无地质灾害	低	3
	低发生区	一般	5
	易发生区	最高	9

单因子指标	评价标准	生态敏感性	分值
土地利用类型	山地	较高	7
	水域	最高	9
	历史风貌保护区	一般	5
	居住用地	低	1
	村落可发展区域	较低	3
	农作物用地	一般	5
	生态用地	较高	7
交通通达性	环岛公路 0～50 米	低	3
	环岛公路 50～100 米	中	5
	环岛公路 100～150 米	较高	7
	环岛公路 150～200 米	最高	9
	主要公路 0～50 米	低	3
	主要公路 50～100 米	中	5
	主要公路 100～150 米	较高	7
	主要公路 150～200 米	最高	9
	次要公路 0～50 米	低	3
	次要公路 50～100 米	中	5
	次要公路 100～150 米	较高	7
	次要公路 150～200 米	最高	9
距水源距离	0～30 米	最高	9
	30～60 米	较高	7
	60～90 米	中	5
	90～120 米	一般	3
	≥120 米	低	1

注：评价标准中的范围就高不就低。

（二）敏感性因子评判结果

基于专家对综合因子的打分结果，结合方差公式计算后得到的权重表，利用 Arc-GIS10.0 进行矢量化或者栅格空间模拟操作，并赋予一定的属性数据；然后将所有的指标因子分布图都转换成栅格数据，将其重分类，赋予专家的打分值进行空间分布模拟。

实际操作过程中，对于地形指标，将高程点按照坐标数据导入 ArcGIS10.0 中，利用 Natural Neighbor 进行插值模拟地形，根据 Natural Breaks 中的分类数值进行重分类打分，敏感性评价结果如图 6-29 所示。坡度图的模拟评价源于地形图，首先利用 Slope 工具对地形图 DEM 进行分析，得到一个较为连续的坡度模拟。以《园林坡度细则》与《水土保持综合治理规划通则》（GB/T 15772—2008）为分类依据，再利用 ArcGIS10.0 在连续的坡度栅格模拟图上进行重分类，结果如图 6-30 所示。对于坡向的处理和坡度类似，同样是基于地形图进行处理并重分类，打分依据是大多数植物的向阳喜好，具体模拟和重分类图如图 6-31 所示。地质灾害依据查阅的文献和测绘的 CAD 调查分布图进行模拟，其中地质灾害易发的地区生态敏感性最高，模拟结果如图 6-32 所示。土地利用类型图的数据来源于《西山东村保护整治规划文本及图则》（2003 年 5 月）中的东村用地规划图，对其进行矢量化并赋予属性数据，评分来源于相关领域的专家。其中，水域和山地的生态敏感性最高，模拟结果如图 6-33所示。道路缓冲区依据离道路越近生态敏感性越低的原则打分，将道路分为环岛公路、主要公路和次要公路三级进行模拟再叠加，具体如图 6-34 所示。水系缓冲区则依据离水系越远生态性越差的事实，以30 米为缓冲距离进行缓冲，模拟结果如图 6-35 所示。

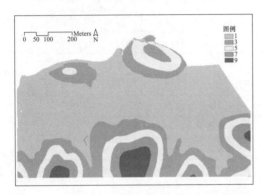

图 6-29　生态敏感性因子重分类结果（地形）

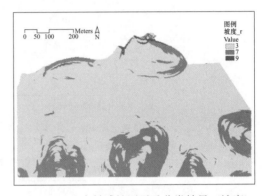

图 6-30　生态敏感性因子重分类结果（坡度）

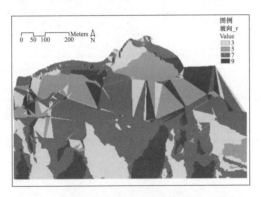

图 6-31　生态敏感性因子重分类结果（坡向）

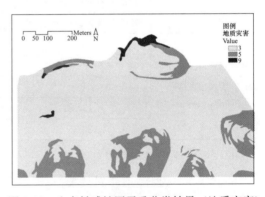

图 6-32　生态敏感性因子重分类结果（地质灾害）

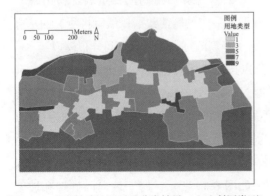

图 6-33　生态敏感性因子重分类结果（土地利用类型）

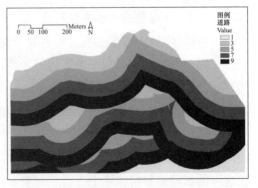

图 6-34　生态敏感性因子重分类结果（道路）

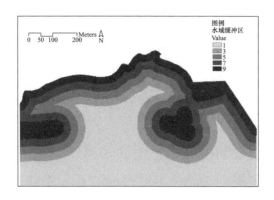

图 6-35　生态敏感性因子重分类结果（水系）

（三）东村自然景观生态敏感性分布

将赋值的 7 个指标因子利用 ArcGIS10.0 中的 Raster-calculator 按照权重进行加权叠加，进行生态敏感性分析后得到了一张敏感性由低到高的五级分类图（图 6-36）。分析图 6-36 并结合实地调查发现，受人类活动干扰较多的东村村落区域最不敏感，其周边散落夹杂着一般敏感区域；水域及邻近水域的区域生态敏感性最高，周边山体坡度较陡且易发生地质灾害的区域同样有较高的生态敏感性；山体坡度平缓的区域及距离水域尚有一段距离的区域较为敏感；其他离水源较远且坡度十分平缓的山脚区域，多被村民开垦为农用地，其生态敏感性一般。

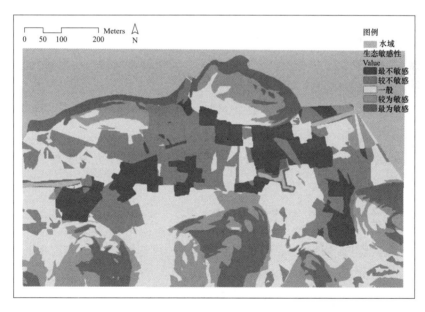

图 6-36　东村自然景观生态敏感性分布图

（四）保护区域划分

影响东村生态环境最重要的指标因子为土地利用类型，其次为地质灾害和距水源的距离。坡度和坡向的影响度一般，交通通达度和地形的影响度较低，这和当地地势起伏变化不大，研究区域交通密度较小有关。模拟分析可知，东村内部邻近水域地区、山体地质灾害易发地区以及坡度较陡的地区景观生态敏感性最强，其他靠近村落的地区以及地势平坦的山脚地区景观生态敏感性较弱。

由此可知，东村应在邻近水域地区、山体地质灾害易发地区以及坡度较陡的地区设立核心保护区域，限制开发。在山体坡度平缓的区域及距离水域尚有一段距离的区域设立一般保护区域，进行保护性开发。其他区域可以进行适当开发。

（五）保护的基本方法

1. 核心保护区域的保护方法

核心保护区域保护主要以自然生态的原始性、传统文化的连续性和传统风貌的完整性为原则，内容包括自然景观、人文景观的占地边界及保护范围，地形、地貌、水系、道路等的完整性以及构成传统风貌的各类景观边界。

核心保护区域内保护措施主要以"小规模、微调整"为原则，严格保护自然景观和聚落的格局风貌、景观视线廊等。对于与原生性景观特质风格一致的建筑物等人为建设成果，予以保留；对与原生性景观特质风格严重不同的建筑物等人为建设成果，予以改造、拆除；对破坏自然生态环境和历史人文景观或损伤其完整性以及对其安全构成威胁的建设内容，予以拆除。除了必要的基础设施和公共服务设施除外，保护范围内不准进行新建、扩建等活动。

2. 一般保护区域的保护方法

一般保护区域通常在核心保护区域附近，是核心保护区域的背景区域，不仅是视觉上的背景，而且包含了其自然山水背景和人文背景，该区域保护的主要目的是确保传统村落原生性景观的完整性。

一般保护区域内保护措施主要以"小调整、不大动"为原则，可以根据传统村落发展要求，进行保护性建设，但在建设过程中应严格控制建筑的高度、风格、形式、色彩，控制农田、果园的规模等，同时确保与传统村落原生性景观特质基本一致。

二、从原生性景观结构出发的保护

鹿村，古名鹿城，相传为吴王离宫养鹿之处。位于西山镇区东南部，邻近镇区，是整个西山岛范围内受城镇化影响较大的村落。

（一）建筑聚落"基本形—群化体"的保护

鹿村建筑平面原生性景观特质混杂，只有少部分传统建筑，现代建筑所占比例较大，无宗教影响下的建筑朝向特征。

调研发现鹿村建成时间早的建筑，随着时间变迁，因缺乏有效的保护，遭受很大程度的毁坏，破坏了整个建筑物院落结构的完整性。现存的建筑院落以新建一合院为主，占 70%，二合院已经比较少见，绝大多数都是以前院为主，只有一小部分是后院，前院占比约 80%，后院占 20%，一些村落传统建筑破坏严重，只能通过残存的院落轮廓分辨其院落形态。在改造设计中可逐步复原部分西山传统院落形式。

通过计算，鹿村分形维数值分别为 1.5256、1.4874、1.4086、1.5745、1.4206，在肉眼观察建筑密度较高的基础上，整体上具有较低的聚落分形指数，与前文西山四个典型传统村落相比，其布局结构与形态没有突出的分形特征，空间复杂程度比较低，基本呈较平行整齐的布局；存在极弱的结构性，且空间的活力及感受力均较弱，聚落空间较拥挤单调。可见鹿村受城镇化影响严重，在镇区扩张力的作用下，建筑密度逐渐增大，侵占了大量的村内公共空间。同时观察到每个尺度层次的数值处于波动变化之中，最高与最低值间存在较大差距，证实了鹿村在合院尺度层级的空间结构化程度相对较高，有一定的空间场所感。在建筑团块尺度层级较低，在村落整体形态层面结构化程度最低，因此在鹿村原生性景观特质织补中可以重点突出小尺度空间的丰富度。

由此得出几点保护建议，一是分析提取原有村落原生性景观特质中的典型建筑形状类型，确定新规划中各类建筑比例，再进一步确定各类建筑的数量。二是分析提取原有村落原生性景观特质中的典型建筑空间原生性景观特质，经优化，确定新的建筑空间原生性景观特质后进行规划设计。根据分形维数的差值，应将格局松散化，增加公共街巷功能节点，整体提升聚落结构化程度，逐步严控新建建筑，并拆除重要节点处的现代建筑，以西山传统村落分形维数作为重要评价指标。

（二）"骨格—街巷"的保护

鹿村位于西山东北部平坦地带，离主山脉较远，位于镇区附近，因此村内街巷受山地影响不大，呈平原地带常见的较规则的方格网形，受城镇化影响较大，村中有一条主要道路穿过，将鹿村一分为二，村中主要街巷均与主干道平行或垂直。

鹿村街巷节点包含了典型的十字交叉错位型、十字交叉放大型、T 字形节点放大型、Y 字形节点放大型几种交叉形式。

鹿村地理位置靠近镇区，建筑密集度较高，相对地，村落公共空间面积被挤占，街巷节点的功能空间相对较少，面积较小（表 6-14、表 6-15）。

表 6-14　鹿村街巷节点形态与空间示意

交叉形式名称	节点变化形态	节点平面示意图	节点空间示意图
十字交叉错位			

交叉形式名称	节点变化形态	节点平面示意图	节点空间示意图
十字交叉放大			
T字形节点放大			
Y字形节点放大			

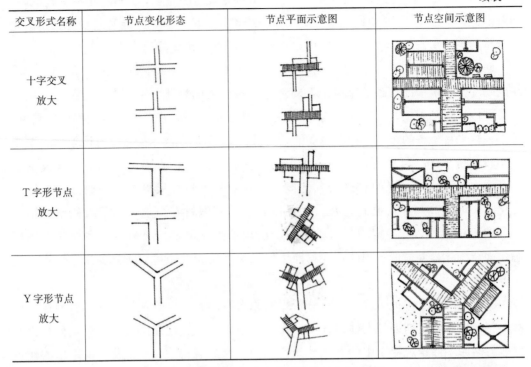

表 6-15　鹿村街巷节点的空间符号分析图式

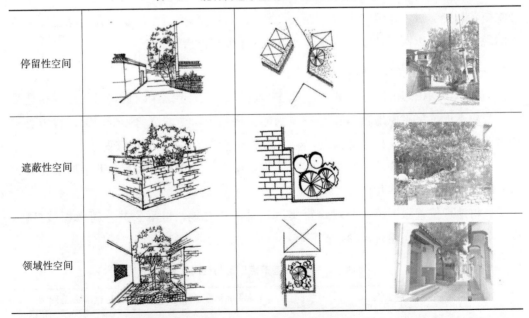

停留性空间			
遮蔽性空间			
领域性空间			

　　由此得出几点改造建议，道路交叉口适当退让形成宜人小空间，建议根据因地制宜原则，还原原有自然界线。

　　依据前文的街巷定量计算方法，将其图示化的街巷临界线和建筑基底线进行叠合（图 6-37），并根据公式算出鹿村上侧界面密度 85.01%、下侧界面密度 86.42%。与西山远离镇区的受城镇化影响小的传统村落界面密度相比，鹿村街巷原生性景观特质较规则，单一、缺乏丰富性，表现为建筑基底线与街巷临界线重合率高，即界面密度高，说明街巷界面沿边界排列较规则有序。

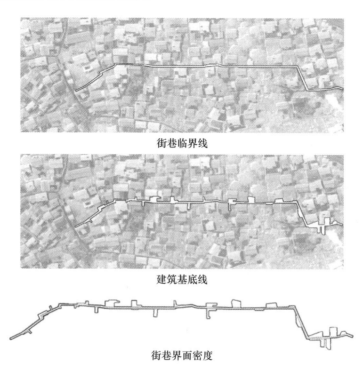

街巷临界线

建筑基底线

街巷界面密度

图 6-37　鹿村街巷临界线、建筑基底线和街巷界面密度

　　经过计算，鹿村贴线率上侧界面 78.73%、下侧界面 65.79%，与前文计算的西山传统村落东村、明月湾村等相比数值较高。验证了鹿村由于受城镇化影响，主要街巷凹凸变化不明显，街面较规则平齐，地势平坦，与周边环境要素互动变化较小。根据计算结果，鹿村中建筑的 K 值（后退法定红线距离）在各区均有分布，集中分布于 1～1.5 米和大于或等于 2.5 米区间内。同样体现了在街巷原生性景观特质的长期演替与重构过程中，村民自发地提高土地利用效率，整合低效难以利用的地块集合形状，用于建设庭院，即大于或等于 2.5 米范围的建筑受自然界面的限制较小（表 6-16、图 6-38）。

建筑后退法定
红线距离（米）
■ ≤1
■ 1～1.5
■ 1.5～2
□ 2～2.5
□ ≥2

图 6-38　鹿村街巷建筑后退法定红线距离

表 6-16　鹿村建筑随 *K* 值分布表

村落名称	建筑数量（栋）					
	$K \leqslant 1$	$K = 1 \sim 1.5$	$K = 1.5 \sim 2$	$K = 2 \sim 2.5$	$K \geqslant 2.5$	总数
鹿村	4	17	9	1	15	46

通过计算，鹿村正面率为 60.87%（图 6-39、表 6-17），数值较西山其他传统村落没有较大的差异，建筑朝向与街巷边界的夹角处于一定范围内的波动，存在相似性，大部分建筑的朝向与邻近的道路边界相关性较高。通常，在城镇化较高的区域，建筑紧凑度高，建筑种类单一，与周围环境适应度较低，建筑物倾向于整齐排列。

图 6-39　鹿村街巷建筑边界与垂直投影夹角区间

表 6-17　鹿村街巷建筑随 *θ* 分布表

	$175° \leqslant \theta \leqslant 180°$	$170° \leqslant \theta < 175°$	$\theta < 170°$	总数（栋）	正面率（%）
鹿村	28	8	10	46	60.87

由此得出几点保护及改造建议：① 街巷原生性景观特质界面密度采用低值，既尊重自然，又强调丰富性；②建筑朝向与道路边界的夹角在一定范围内可设计波动，使之出现相对位移，以增加建筑原生性景观特质的丰富性，并提高建筑与道路的适应性；③对于道路交叉口区域的设计，应注重交叉角度，参考原有原生性景观特质并在其某一特征区间内浮动。

第六节　原生性景观的利用

太湖流域传统村落众多，不少村落已成为名村，且进行了较好的规划建设，还有一些村落具备较好的潜质，但利用不足，本书选取了甪里村为对象，进行太湖流域传统村落原生性景观特质利用实例研究。

一、甪里村概况

甪里村地处西山岛西部，总面积约 1 平方千米，常住人口 940 人左右。2005 年 6

月被列为苏州市第一批控制保护村落。甪里古村始建于隋末唐初，初称衙甪里村。宋朝，北方大世族荥阳郑氏南迁至此，使该村名气更大。清末，常常作为巡检司驻地。村中心有一条南北向两头通太湖的串心商港——郑泾港，开凿于隋唐时期，因唐朝时郑氏定居于此而得名，明清时期曾为江苏、浙江两省治安防护的界河，用来维护该地的贸易与民众安全。长期以来水运发达，两岸商铺林立。过去，甪里古村的兴衰与水运紧密相关，民国十九年至二十六年（1930—1937 年），因无锡往返湖州的轮船要在甪里码头停靠，甪里村在民国时期成为西山最繁荣的村落之一，但随着郑泾港水运的衰落，甪里古村渐渐失去繁华。

二、景观特征分析

总体来看，甪里村具有较为独特的空间形态与格局，湖山河村浑然一体，和谐共存，是一个特色鲜明的太湖传统古村落。从前文分析可知，甪里村是典型的山坞与湖湾组合型村落（图 6-1），东西是山坞，南北临太湖。聚落受山体影响，生长骨架沿山间南北向发展，主要街道贯穿其中，村内主要有一大三小聚落群，集中布置不分散，整体上呈现组团式的空间形态格局（图 6-2）。甪里村建筑大多沿郑泾港而建，当地流传着这样一句谚语，"郑泾港两头通，文昌阁坐当中"，除了南北向的郑泾街，主要的街巷是东西向的牌楼街。

甪里村在保持了良好的空间格局的同时，村落建筑的整体形式、尺度、色彩在一定程度上依然保持了江南地区的传统，绝大多数的民居均为一至两层的坡顶建筑，粉墙黛瓦，栗色木构架。但由于大部分民居都在 20 世纪八九十年代翻建过，结构、材料都已更新，村落中历史建筑已无太多遗存，因此村落的整体风貌一般，古色古香的人文氛围已趋平淡。有的新建建筑形式、材料、色彩在整体环境中显得不太协调，需要改善。

甪里村现存遗迹包括 11 处古民居、1 座古祠堂、1 座古寺、1 座古庙、1 座古桥、1 处古港口、3 座古牌楼、3 口古井、1 株古树、1 处古塔遗迹、1 处山岭遗迹（表 6-18）。

表 6-18　甪里村景观要素表

要素类型	要素名称	要素特色
地文要素	游赏岭	甪里东边山腰，李根源字石刻不存，只余天然大石材一块，视野开阔，景观极佳
水域要素	泉潭	清朝，久旱不枯，味甘清澈
	古泉	清朝，久旱不枯，味甘清澈
	缸井	清朝，历史悠久，水质一般
植被要素	古银杏	500 龄，柯家村口

要素类型	要素名称	要素特色
遗迹要素	长寿寺	建于唐天祐二年，门前有青石质香花桥一座，现为徐优良居所
	禹王庙	建于梁大同三年，市级文物保护单位，开放景点，正在修复施工
	郑氏宗祠	建于清乾隆年间，体量宏大，曾为学校，大厅拆迁至石公山海灯纪念大厅，现存遗址
	尊仁堂	建于清乾隆年间，现存一进，内有假山一座
	巢园	建于清乾隆年间，现存一进，内有砖雕门楼一座
	宁远堂	建于清乾隆年间，现存门厅一间
	麟趾堂	建于清乾隆年间，现存一进，局部已改建
	世德堂	建于清雍正年间，现仅存砖雕门楼一座及后厢房
	世美堂	建于清雍正年间，原二进，一进火毁，第二进存，损毁严重，有一座砖雕门楼
	宝稼堂	建于清乾隆年间，清代廉史暴式昭曾居此屋
	春晖堂	建于清乾隆年间，原二进，现存，但损毁严重
	无名堂	建于明末清初，保存完好
	万年堂	建于清乾隆年间，现仅存门厅一间，其余均毁
	官船港口码头	建于隋末北魏年间
	郑泾港	建于隋朝末年，桥3座，南北有古码头，保存完好
	永宁桥	建于宋朝，花岗石7块（连护栏）
	南星桥	建于宋朝，青石质双曲拱桥
	香花桥	建于宋朝，青石质拱桥，体量小
	御史牌楼	建于明万历三年，存二巨型花岗石石柱
	绣衣坊	建于明万历三年，存一石柱
	文昌阁	建于明万历时期，原有砖塔一座配套
	古砖塔	建于清乾隆二十五年，为文昌阁配套，七级砖砌宝塔，现废
	花岗石巷门立柱	村东两根，村西仅存一根（青石）
人文要素	人事记录	暴式昭

除禹王庙作为文物保护单位和开放景点得到有效的保护与修复外，上述文物古迹及遗址绝大多数处于自然衰败的状态，亟待有效地保护与整治；还有一些形制、格局保存尚好的历史建筑未列入文物古迹名录。由于郑泾港沿岸的青石板路路面质量较差，当地政府于2005年在其上铺浇水泥进行了硬化，虽然解决了村民出行问题，却破坏了传统风貌。

三、景观价值分析

综合前文分析，用里村南北临湖、东西面山，中有郑泾港通南北太湖，水体环境质量与空气质量良好，自然地貌与风景环境背景较为独特，茶树与橘树种植业比较发达，在整个西山岛中占据重要位置，虽然有不少历史文物，但其作为古村的风貌已不明显，历史资源由于种种原因正在逐步消失。总体而言，用里村原生性景观有较强经济价值和生态价值，有一定历史价值，科学价值较弱。

四、确定发展主题

通过景观价值分析，确定用里村原生性景观有较强的经济价值和生态价值，可以往农林经济型、旅游观光型村落发展，但在第四章对用里村建筑聚落分形定量分析中，其分形维数值处于中低区间，各尺度层级间的分形维数值差距较小，说明其空间分形层级复杂程度延续性较好，同时，也说明其空间边界对整体空间的填充能力一般，公共空间内组织建筑的容量较小，难以利用以大范围增加建筑设立养老院、康复院等，因此不宜发展为生态养生型村落。

用里村原生性景观有一定历史价值，科学价值较弱，虽然不具备发展为文化体验型村落的条件，但仍需对现有文物实施严格保护，在传承原生性景观特质的同时，挖掘历史文化，丰厚旅游观光型村落发展的条件。

同时，考虑到太湖流域各古镇、古村众多，物质空间特色、发展产业、人文内涵、旅游项目均比较类似，相互之间存在激烈的竞争，西山整体旅游发展格局之中，各村的定位与旅游发展分工尚未明晰，相互之间存在竞争，用里村必须错位发展，寻求突破。

综上，用里村应向旅游观光型村落发展，一方面，发挥自身独特区位优势，打造优美的湖山风光，结合优势种植业，开展茶果采摘游。另一方面，保护和展示村内文物古迹，适当打造民风民俗项目。

五、总体规划设想

（一）强化"湖、山、河、村"的大空间格局

用里村与周边的自然环境浑然一体的自然山水和村落空间格局，是古村最为突出的特色和资源。保护"湖、山、河、村"的大空间格局，是进行空间整治的首要原则与任务，也是相关旅游产业发展的前提。

（二）控制村落建设规模

以控制建设作为空间整治的基调，按照"控制型村落"的发展要求，明确建设用地与非建设用地的范围，保护现有的村落生态格局。在此基础上，进一步明确道路与街巷空间体系，并对现状水系做一定程度的整理。

（三）对重点空间与地段进行整治

在保持传统空间文脉的基础上，对郑泾港两岸街巷空间与牌楼所在"巷道"进行重点空间整治，重现原有历史空间格局；同时对街巷空间两侧建筑的体量、形式、色彩进行重点整治，恢复古村传统风貌。

具体的整治内容应包括以下几方面。

（1）街道空间界面整治。对街巷空间，特别是郑泾港两岸的河街空间进行清晰的

限定，恢复其历史风貌，通过各种旅游商业设施及生活设施的引入，重现往日的繁华景象。

（2）街道空间节点整治。街巷空间的美感与活力还在于清晰的秩序与节奏感，在对街巷空间界面进行整治的同时，在现状较有特色的空间转折处有规律地设置空间节点，通过对小型绿地广场的组织，结合重点建筑与院落的整理使街巷空间收放有序，更利于聚集人气；特别是对现状紧贴绣衣坊和御史牌楼的建筑采取必要的整改措施，留出必要的开放空间，以满足保护文物古迹的要求。

（3）水体环境整治。对于郑泾港水体特别是村口通往禹王庙段以及甪里南塘周边进行清理，改善水体环境质量，为设置水上旅游项目奠定基础。

（4）街道两侧建筑整治。主要从体量、高度、屋顶形式、构建形式、色彩体系等方面系统展开，特别是要注重临街建筑山墙面的处理。

（5）环境景观设施的整治。对于永宁桥、南星桥以及郑泾港现状黄石驳岸、埠头进行整饬，恢复街巷地面铺装为传统的青石板路面，增加必要的街巷公共环境设施（如休息座椅、灯具等）。

（四）结合旅游项目进行文物古迹与历史建筑的保护与整治

结合旅游线路设计与项目开发，对具有保留价值的文物古迹进行保护性修葺，对历史建筑内现有居住人与产权人做相应安置，其具体安置政策与安置区域再做慎重的专题研究。

（五）对村落环境进行整治

依据现状空间环境特点与村民的行为习惯，设计小型的绿地、广场、水巷、水池等开放空间体系。

六、具体设计内容

在总体规划基础上，对甪里村自然景观、人文景观进行设计。

（一）自然景观设计

组构山、水、绿、村、人为一体的生态环境结构，体现原汁原味的古村环境意象。

保持既有山水格局和生态环境，加强生态系统的构建，适当增加山体绿化。根据现有山林景观资源优势打造森林公园，加强茶树、橘树等种植优化，实现风水林与景观林、经济林的繁荣生长，提升农林观光和茶果采摘游体验。利用水域空间打造特色的生态鱼场或景观水塘，更加有效地利用自然生态空间，促进乡村的生态多样性和环境适宜性的发展。

强化古村入口处的水岸绿化，加强周边道路与内部街巷绿化，控制道路两侧绿化带。结合枝状街巷系统，形成绿化网络，加强绿化对古村的渗透。丰富原有的街区绿化层次，对与古村风貌不协调的植物配置和种植设计进行调整。在古村的内部与边缘开辟公共开放绿地，主要利用毁弃民居遗址及现有闲置地，均匀分布在古村。

结合现有的零星空地和废弃的住宅布置街坊级小片绿地；将某些天井扩大成院落，此院落即成为邻近几户人家的公共绿地。在空间改造中，规划以引导为主，提供多种样式，鼓励居民按照自己的喜好自行设计。种植单株观赏植物形成视线吸引点；鼓励沿墙种植攀援植物（如茑萝、爬山虎等），形成垂直绿化。提高居民的生态意识，提倡居民对各自的庭院进行自赏绿化布置。为古村内部的老屋旧街增添绿色的生机。

空间整治规划是在保护的基础上，对整个古村的重要空间环境做出详细设计，保护传统建筑与传统空间，拆除障碍建筑，并采用修补植入的手法，恢复古村肌理与空间形态，改善古村整体环境。

（二）人文景观设计

在对甪里村历史形成的外部和内部空间结构进行研究的基础上，对古村内有特色的人文景观要素进行提炼概括，保持并强化古村的人文景观空间格局。

1. 开放空间体系

以郑泾港为主体，以各民居建筑为背景的具有传统特色的外部开放空间。保护古村的空间轮廓线，对甪里村内的建筑物的高度和尺度严格控制，保证视线走廊不被阻挡。

对特色地段内的建筑的改建、重建、新建要严格控制，防止建设性破坏，同时对一些影响古村风貌的大尺度建筑物予以拆除或改造，恢复古村和谐的空间景观。

2. 区分功能空间

功能空间包括以典型传统民居为代表的民俗文化区以及处于传统文化氛围下的具有浓郁生活气息的传统居住区。

民俗文化区——保护传统居住建筑，并利用它进行展示以体现西山镇甪里村的民俗文化。

传统居住区——保护古村的空间肌理，以传统的居住形态为范本，根据实际情况，选择某些有特色的民居建筑，改造内部结构，恢复传统居住空间格局，成为真实留存传统居住空间的传统居住区。

3. 明确特色街巷空间及节点

保护以郑泾港、牌楼巷为主轴所构架的街市格局，严格保护、改善及强化有价值的文物古迹，如古建筑、古桥等空间认知点，组织好街巷和广场关系，并完善路名牌、路灯等环境小品的设计和设置，使细部环境构筑物形成体系，烘托出甪里村的独特韵味。

加强特色水岸空间、文物古迹点、景点、村落入口等节点设计。打造地标性认知空间。

4. 确定空间边界点

完善古村入口序列，通过水岸空间的重点强化和建筑风格与尺度的控制，协调古村与外界的衔接，强化空间边界点。

5. 丰富街巷肌理

丰富以郑泾港、牌楼巷为空间轴线的街巷肌理。郑泾港作为甪里村发展主轴,沿河两岸的街巷既是村民生活出行的主要道路,也是人们体验古村落的主要通道;牌楼巷即御史牌楼和绣衣坊所在巷道空间,西起文昌阁遗址,东至游赏岭,巷内尚存一些有代表性的历史文化遗存,是村落的历史文化轴。同时,以游赏岭为景观点,控制游赏岭—禹王庙的观景视廊。

附录：西山典型村落原生性景观特质库

通过对聚落基本结构的识别及界面空间的解析，进一步提取各结构部分的典型原生性景观形态要素，利用图式语言的方法，经过分析判读、图像处理，建立西山小尺度级的传统典型原生性景观特质库。在西山古村中各选取一个代表进行分析，分别是山坞型村落植里村、湖湾型村落明月湾村、山坞与山坞组合型村落东村、山坞与湖湾组合型村落甪里村。

（一）山坞型村落——植里村

植里村地理位置较偏远，位于西山西北部，向西是太湖，南部靠大昆山等山脉，北侧群山环绕。交通状况较好，南部靠近环山公路，距离镇区较近，大约3千米，人口大概有837人。植里村居民主要经济来源是茶叶种植和外出务工，以及种植花果、养鱼等。村落内部文物古迹众多，其中的古道、永丰桥在1997年被申报为县级文物保护单位，2001年吴县市改行政区划为吴中区后升级为市级文物保护单位。植里村在明代乃至更早便有先民居住，其县一级行政建制几度易名，曾被称为吴县、苏州郡东山县等。

1. 聚落主要公共空间（附图1）

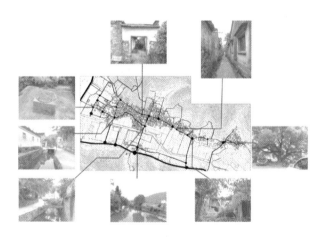

附图1　植里村主要公共空间示意图

2. 植里村文化原生性景观形态要素提取

植里村地理位置优越，靠山面水，南侧有河流经过，西侧的空间格局保存较好。植里村主要沿着植里村古道发展，植里村古道是植里村的交通要道，极大促进了古村经济发展。植里村同时依靠南侧的水路呈纵向布局，并在河流和街巷汇聚的地方形成古村的生活中心，村落因水运需求主要向南发展。

植里村表现为独特的江南风貌和良好的空间格局。建筑特色鲜明，文物古迹众多，但是保存完好的相对较少。由于大部分民居在 20 世纪八九十年代重新修建过，历史建筑遗留较少。在整体环境中，部分建筑与整体环境不太调和，比如建筑形式、材料和色彩等。具体见附表 1。

附表 1　植里村景观形态要素表

聚落公共空间	入口		
	公共建筑		里庵、金氏宗祠、罗氏宗祠秀之堂
	节点	古樟群	位于村西北角，两棵 800 龄，三棵 500 龄，保存完整。旁有一废弃的祠堂
		植里村古道	建于清康熙四十一年，市级文物保护单位
环境空间	山	貌虎顶山	植里村东北部
	水	永丰桥夏泾港	市级文物保护单位，建于清康熙四十一年，单孔拱形，花岗石砌
	茶果园		碧螺春茶、柑橘、枇杷、杨梅、石榴、板栗、银杏、竹林
人文要素	李弥大		南宋末年，林屋洞口摩崖石刻《道隐园记》
	李肇一		李弥大四世孙

（二）湖湾型村落——明月湾村

明月湾村位于太湖西山的南部，即现在江苏省的石公行政村。此名是由吴王夫差与西施共游此处赏月而得，简称明湾，其因秀丽的风景及浓郁的文化气息而闻名。根据相关文献记载，明月湾在春秋时期已经出现聚落，常住居民大多为越国的俘虏，西施当年梳妆的画眉池一直保留至今。唐宋时期，明月湾的村落呈现棋盘状格局，闻名于世，吸引了白居易等诸多诗人来此观赏。南宋时期，大量金兵南侵，许多高官贵族移居到明月湾，其间不乏有人通过写诗而闻名，如邓肃、吴挺等人。至明清时期，明月湾的原住居民大都加入了"钻天洞庭"商派，经常外出经商，乾隆至嘉庆年间明月湾发展达到鼎盛，建造了许多精美建筑、祠堂以及码头，并一直留存至今。居民的经济来源是种植花果、采摘春茶以及捕捞养殖等，居民姓氏多为秦、黄和吴，为南宋时期躲避战乱贵族的后代。

1. 聚落主要公共空间（附图 2）

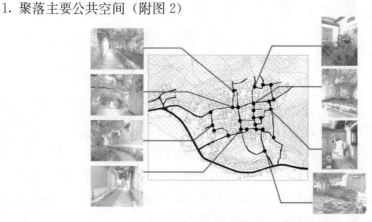

附图 2　明月湾村街巷空间示意图

2. 明月湾村文化原生性景观形态要素提取

明月湾村位于西山南端，是靠山面水的山抱村，北部枕靠南湾山，南濒临太湖，地形宛如一钩明月，故称明月湾。位于太湖中心，由于太湖水的调节，小气候条件优越，风景优美，其地势由西向东逐渐升高，土地类型较为单一且不平整，仅能种植果树和茶树。明月湾村现有面积约为 9 公顷，生活在这里的居民仅有 400 多人。

明月湾村虽历经长达千年的时代变迁，但村落格局未明显改变，这是由于村落四周环境相对封闭，被连绵不断的山体所包围。在未修建公路之前，多通过水路实现与外界的交易往来，当出现大风等恶劣天气时，难以与外界进行联系。此外，一条曲折的山路可抵达古村，但需要穿过密集的果林和山岗。古村内部有着两条东西走向的主要干道，以花岗岩条石铺设，其内街道纵横交错，呈棋盘状，历史建筑大多属于明清时期（附表 2）。

附表 2　明月湾村景观形态要素表

聚落公共空间	入口	千年古樟、土地庙、碑记、旗杆、寨门	
	公共建筑	明代店铺、吴氏宗祠、邓氏宗祠、黄氏宗祠、秦氏宗祠、明月禅院、敦伦堂、瞻瑞堂、裕耕堂、礼和堂、礼耕堂、瞻禄堂、凝德堂、汉三房、仁德堂、姜宅、薛家厅、五姓堂	
	节点	牌门、石板街、明月桥、古井	
环境空间	山	南湾山	位于明月湾之北，是春秋吴王避暑行宫所在地
	水	太湖沿岸	南临太湖，可沿岸观赏太湖风光
		古河埠	村口的古河道，主要用于蓄水排水
		画眉池	亦称画眉泉，位于石排山山腰。传说西施曾在此梳妆
	茶果园	碧螺春茶	
		柑橘、枇杷、杨梅、石榴、板栗、银杏、竹林	
人文要素	吴王、西施	留下赏月、画眉的传说	
	主要宗族	金、邓、秦、黄、吴等五大姓氏的发展史	
	洞庭商帮	经商致富，修建精美建筑，推动当地发展	
	唐代诗人	白居易、陆龟蒙、皮日休等著名诗人的作品	
	传统工艺	传统木雕、石刻工艺，碧螺春茶叶传统采制工艺	
	地方风俗	挂"红绵"等吉祥物的传统风俗	

（三）山坞与山坞组合型村落——东村

东村位于西山北侧，具有两千多年的历史。村落处于南北两山体间较为平坦的地带，建成区实际面积为 0.5 平方千米。从地质学角度来看，其形成于地壳断层隆起。尽管东村在地理位置上属于江南范围，但与江南水乡河渠水网的自然环境和"因水成市，沿河建房"的空间形态存在一定的差别。因此，东村既继承了江南文化传统与风俗习惯，在房屋的样式和布局上能折射出江南古村的影子，又形成了本地独特的风貌特征。

1. 聚落主要公共空间（附图3）

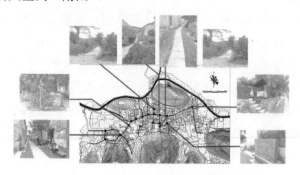

附图3　东村街巷空间示意图

2. 东村文化原生性景观形态要素提取

东村位于东山后山的一个浅坞内，南倚栖贤山，北倚凤凰山，两山环抱，邻太湖，与横山、阴山、绍山诸岛相望。因为地形较隐蔽，冷空气极难在坞底积聚，坡度大都较为平缓，土壤条件优越，植被种类多样，适合开展耕种。受山体地形的限制，村落总体布局为一字形。东村现有面积约7公顷。东村大街、栖贤巷和梧巷等传统街巷构成了鱼骨状路网，维持着传统街巷格局。街巷的核心道路为东村大街，东西向，长度约为800米，各支巷似"丰"字形展开。街巷东至永泰桥，西至徐家祠堂，南至栖贤山山脚，北至凤凰山山麓，总长度约3500米，宽度在1.5～2.5米，采用弹石、石板、青砖铺设，并在路旁设置排水明沟（附表3）。

附表3　东村景观形态要素表

	入口		
聚落公共空间	公共建筑		敬修堂、凝翠堂、学圃堂、绍衣堂、维善堂、孝友堂、敦和堂、萃秀堂、徐家祠堂
	节点	东村大街	东西走向，宽1.4～2.5米，共约800米长，支巷较多，一侧有排水明沟，两侧有清乾隆、嘉庆年间的古宅
		栖贤巷门	建于明代，设计合理讲究，细节精致，现为江苏省文物保护单位
		义门	建于宋代，"义"即公共设施的意思，体现古人为公之心
		"贞寿毓贤"碑	清乾隆期间为殷氏而立，由乾隆皇帝指定刘墉、纪晓岚和翁方纲三位宰相撰写祭文，徐明理镌刻。后来被毁，但碑文内容被朱德的恩师李根源先生抄写，后编入《洞庭山金石》
环境空间	山	阴山、凤凰山、栖贤山	综合自然旅游地
	水	太湖沿岸 张家池 永安桥	北临太湖，可赏沿岸风光 清
	茶果园		碧螺春茶 柑橘、枇杷、杨梅、石榴、板栗、银杏、竹林

人文要素	村名由来	古称东园村，因"商山四皓"之一的东园公唐秉隐居此地得名
	苏式彩画	东村现存清代的官绅宅第多数会有苏式彩画（如东村徐家祠堂彩绘），主要施于梁枋、脊檩，常用浅蓝、浅黄、浅红，色调柔和高雅；彩画在艺术上以清嘉庆前的作品为上乘，嘉庆后的较为草率，民国后日益衰落
	敬修堂雕龙落地长窗	长窗上雕刻有十二种不同形状的龙
	敬修堂盘龙砖雕门楼及花窗	
	乾隆金屋藏娇的地方	敬修堂，电视剧《橘子红了》取景地
	核雕	国家级非物质文化遗产

（四）山坞与湖湾组合型村落——甪里村

甪里村地处西山西部，也称甪湾里，总面积在 1 平方千米左右，常住人口保持在 940 人左右，并于 2005 年 6 月被列为苏州市第一批控制保护村落。甪里村的历史可追溯至隋末唐初的衙甪里村。宋朝时期，北方大世族荥阳郑氏南迁至此。清末曾为巡检司驻地。地处村落中部的郑泾港，建造于隋唐时期，明清时期曾为江苏、浙江两省的界河，用来维护该地的贸易与安全。由于水运发达，两岸开设了很多店铺，货运往来与贸易交易不断。1926 年，锡湖班的客运轮船需要在甪里村码头做短暂的停留，使得无锡、湖州的客人多选择此处作为周转地，甪里村逐渐成为周边地区的客运中心，整体较为繁华。后来，由于郑泾港水运不复从前，甪里村渐渐褪去了繁华。

1. 聚落主要公共空间（附图 4）

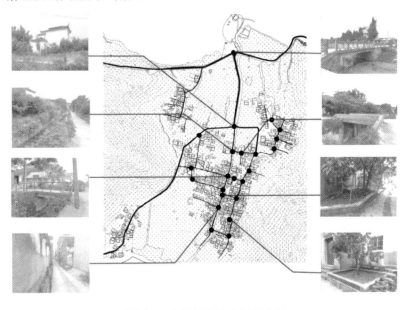

附图 4　甪里村街巷空间示意图

2. 甪里村文化原生性景观形态要素提取

甪里村坐落于平龙山与石屋山之间，地势较为平缓，衙里村与其形成东西对望之势，古村的南北两侧皆为湖湾。郑泾港由古村的中间穿过，两端连接着太湖，是典型的山坞与湖湾组合型村落，兼有山势与水利。古村的建筑物分布在郑泾港的两岸，在当地关于古村的格局流传着一句谚语："郑泾港两头通，文昌阁坐当中"，大致反映了甪里村的建筑布局。下一级别街巷的空间布局，以主要街巷为基点，向两侧延伸，最终形成鱼骨状格局，何家村和周家上头分别坐落于古村的西北与东北角，两者皆处于小段河流的末端。甪里村现存的遗迹中包括 11 处古民居、1 座古祠堂、1 座古寺、1 座古庙、1 座古桥、1 处古港口、3 座古牌楼、3 口古井、1 株古树、1 处古塔遗迹、1 处山岭遗迹。从整体布局来看，古村将湖、山、河、村较好地融为一体，形成独特的传统村落格局（附表 4）。

附表 4　甪里村景观形态要素表

聚落公共空间	入口	古银杏 500 龄	
	公共建筑	禹王庙、宝稼堂、春晖堂、郑氏宗祠、尊仁堂、巢园、宁远堂、麟趾堂、世德堂、世美堂、宝稼堂、春晖堂、无名堂、万年堂	
	节点	古砖塔、花岗石巷门立柱、御史牌楼	
环境空间	山	游赏岭	甪里村东边山腰，李根源字石刻不存，只余天然大石材一块，视野开阔，景观极佳
	水	官船港口码头	建于隋末北魏
		郑泾港	建于隋朝末年，桥 3 座，南北有古码头，保存完好
		永宁桥	建于宋朝，花岗石 7 块（连护栏）
		南星桥	建于宋朝，青石质双曲拱桥
		香花桥	建于宋朝，青石质拱桥，体量小
		泉潭	建于清朝，久旱不枯，味甘清澈
		缸井	建于清朝，历史悠久，水质一般
	茶果园	碧螺春茶 枇杷、杨梅、板栗、石榴、柑橘、桃树、银杏、竹林	
人文要素	人事记录	暴式昭	

（五）西山四典型古村原生性景观特质图式索引

植里村、明月湾村、东村、甪里村环境原生性景观特质图式索引分别如附图 5～附图 8 所示。

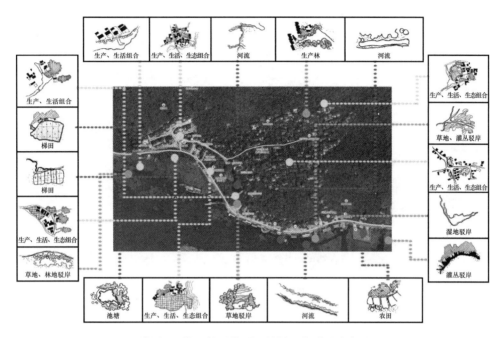

附图5 植里村环境原生性景观特质图式索引

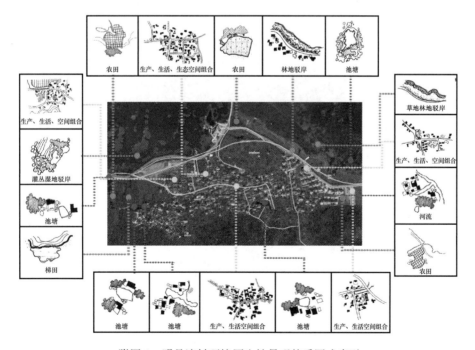

附图6 明月湾村环境原生性景观特质图式索引

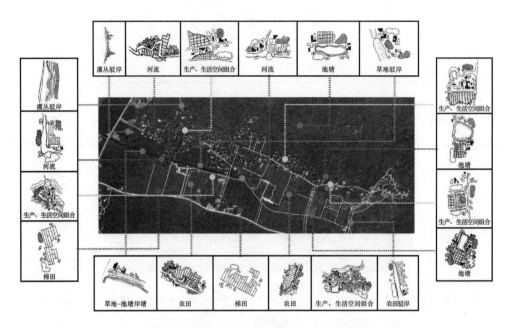

附图 7　东村环境原生性景观特质图式索引

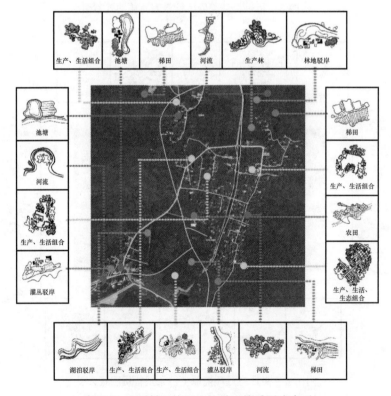

附图 8　角里村环境原生性景观特质图式索引

参考文献

[1] 朱晓明.试论古村落的评价标准 [J].古建园林技术,2001 (4):53-55.

[2] 刘沛林.古村落:和谐的人聚空间 [M].上海:上海三联书店,1998.

[3] 国务院法制办农业资源环保法制司,住房与城乡建设部法规司,城乡规划司.历史文化名城名镇名村保护条例释义 [M].北京:知识产权出版社,2009.

[4] 金其铭,董昕,张小林.乡村地理学 [M].南京:江苏教育出版社,1990.

[5] 王云才.现代乡村景观旅游规划设计 [M].青岛:青岛出版社,2003.

[6] 童磊.村落空间肌理的参数化解析与重构及其规划应用研究 [D].杭州:浙江大学,2016.

[7] 陈喆,周涵滔.基于自组织理论的传统村落更新与新民居建设研究 [J].建筑学报,2012 (4):109-114.

[8] 李绍燕.自组织理论下城市风貌规划优化研究 [D].天津:天津大学,2013.

[9] 林亚真,孙胤社.论乡村地理学的开创与发展 [J].首都师范大学学报(自然科学版),1988 (4):61-66.

[10] 周心琴,张小林.1990 年以来中国乡村地理学研究进展 [J].人文地理,2005,20 (5):8-12.

[11] 刘沛林.中国传统聚落景观基因图谱的构建与应用研究 [D].北京:北京大学,2011.

[12] 王思远,刘纪远,张增祥,等.近 10 年中国土地利用格局及其演变 [J].地理学报,2002,57 (5):523-530.

[13] 汤国安,赵牡丹.基于 GIS 的乡村聚落空间分布规律研究:以陕北榆林地区为例 [J].经济地理,2000,20 (5):1-4.

[14] 刘之浩,金其铭.试论乡村文化景观的类型及其演化 [J].南京师大学报(自然科学版),1999,22 (4):120-123.

[15] 王云才.现代乡村景观旅游规划设计 [M].青岛:青岛出版社,2003.

[16] 曹宇,肖笃宁,赵弈,等.近十年来中国景观生态学文献分析 [J].应用生态学报,2001,12 (3):74-77.

[17] 肖笃宁,钟林生.景观分类与评价的生态原则 [J].应用生态学报,1998,9 (2):217-221.

[18] 刘滨谊,王云才.论中国乡村景观评价的理论基础与指标体系 [J].中国园林,2002 (5):76-79.

[19] 谢花林,刘黎明,赵英伟.乡村景观评价指标体系与评价方法研究 [J].农业现代化研究,2003,24 (2):95-98.

[20] 包志毅,陈波.乡村可持续性土地利用景观生态规划的几种模式 [J].浙江大学学报(农业与生命科学版),2004,30 (1):57-62.

[21] 邵艳丽.东北地区城市空间形态研究 [D].长春:东北师范大学,2004.

［22］ 齐康．城市环境规划设计与方法［M］．北京：中国建筑工业出版社，1997.

［23］ 段进．城市空间发展论［M］．南京：江苏科学技术出版社，1999.

［24］ 段进．空间句法与城市规划［M］．南京：东南大学出版社，2007.

［25］ 阮仪三．中国江南水乡古镇［M］．杭州：浙江摄影出版社，2004.

［26］ 段进，季松，王海宁．城镇空间解析：太湖流域古镇空间结构与形态［M］．北京：中国建筑工业出版社，2002.

［27］ 揭鸣浩．世界文化遗产宏村古村落空间解析［D］．南京：东南大学，2006.

［28］ 周若祁．绿色建筑体系与黄土高原基本聚居模式［M］．北京：中国建筑工业出版社，2007.

［29］ 刘滨谊，王云才．论中国乡村景观评价的理论基础与指标体系［J］．中国园林，2002，18（5）：76-79.

［30］ 彭一刚．传统村镇聚落景观分析［M］北京：中国建筑工业出版社，1992.

［31］ 邱枫．基于 GIS 的宁波城市肌理研究［D］．上海：同济大学，2006.

［32］ 胡明星，金超．基于 GIS 的历史文化名城保护体系应用研究［M］．南京：东南大学出版社，2012.

［33］ 王婷，周国华，杨延．衡阳南岳区农村居民点用地合理布局分析［J］．地理科学进展，2008，27（6）：25-31.

［34］ HANSEN A J，BROWN D G. Land-use change in rural America：Rates，drivers，and consequences［J］．Ecological Applications，2005，15（6）：1849-1850.

［35］ 蔡建．GIS 技术在古村落保护规划中的应用［J］．建材与装饰旬刊，2007（9X）：19-21.

［36］ 汪兴毅，管欣，丁晶晶．安徽省传统村落空间分布特征及解析［J］．安徽农业大学学报（社会科学版），2017，26（2）：19-25.

［37］ 孙莹，王玉顺，肖大威，等．基于 GIS 的梅州客家传统村落空间分布演变研究［J］．经济地理，2016，36（10）：193-200.

［38］ 原广司．空间——从功能到形态［M］．南京：江苏凤凰科学技术出版社，2017.

［39］ 王云才，韩丽莹，徐进．水体生境设计的图式语言及应用［J］．中国园林，2012（11）：56-61.

［40］ MILNE B T. Measuring the fractal geometry of landscapes［J］．Applied Mathematics & Computation，1988，27（1）：67-79.

［41］ BÖLVIKEN B，STOKKE P R，FEDER J，et al. The fractal nature of geochemical landscapes［J］．Journal of Geochemical Exploration，1992，43（2）：91-109.

［42］ THOMAS I，FRANKHAUSER P，BIERNACKI C. The morphology of built-up landscapes in Wallonia（Belgium）：A classification using fractal indices［J］．Landscape & Urban Planning，2008，84（2）：99-115.

［43］ 段冰．河南省旅游中心地规模与空间结构的分形研究［J］．地域研究与开发，2014，33（4）：101-104.

［44］ 黄泰，保继刚，刘艳艳，等．城市游憩场点系统结构分形及优化——以苏州市区为例［J］．地理研究，2010，29（1）：79-92.

［45］ 刘学荣．基于分形理论的黑龙江省旅游景区空间结构演化研究［D］．长春：东北师范大学，2015.

[46] 张云. 基于分形理论的重庆市温泉旅游地空间结构研究 [D]. 重庆：西南大学，2014.

[47] 陈建设，朱翔，徐美. 基于分形理论的区域旅游中心地规模与空间结构研究——以湖南省为例 [J]. 旅游学刊，2012，27（9）：34-39.

[48] 杨国良，张捷，艾南山，等. 旅游系统空间结构及旅游经济联系——以四川省为例 [J]. 兰州大学学报（自然科学版），2007，43（4）：24-30.

[49] 王双双. 闽南传统聚落空间形态的分形理论量化解析 [D]. 上海：华东理工大学，2015.

[50] 王辰晨. 基于分形理论的徽州传统民居空间形态研究 [D]. 合肥：合肥工业大学，2013..

[51] 阿兰·B. 雅各布斯. 伟大的街道 [M]. 北京：中国建筑工业出版社，2009.

[52] 李怀敏. 从"威尼斯步行"到"一平方英里地图"——对城市公共空间网络可步行性的探讨 [J]. 规划师，2007，23（4）：21-26.

[53] 石峰. 度尺构形——对街道空间尺度的研究 [D]. 上海：上海交通大学，2005.

[54] 金广君. 城市街道墙探析 [J]. 城市规划，1991（5）：47-52.

[55] 李明. 深圳市中心区 22、23-1 街坊城市设计及建筑设计 [M]. 北京：中国建筑工业出版社，2002.

[56] 深圳市规划和国土资源委员会. 深圳市罗湖区分区规划（1998—2010）[EB/OL]. http：//www. szpl. gov. cn/main/csgh/fwgh/lhfjgh/lhgh. htm.

[57] 林晓蓉，刘淑虎. 三溪村空间形态研究及思考 [J]. 华中建筑，2011，29（1）：138-141.

[58] 张杰，吴淞楠. 中国传统村落形态的量化研究 [J]. 世界建筑，2010（1）：118-121.

[59] 叶巍. 余姚地区新建农村空间形态研究 [D]. 西安：西安建筑科技大学，2013.

[60] 丁沃沃，李倩. 苏南村落形态特征及其要素研究 [J]. 建筑学报，2013（12）：64-68.

[61] 温天蓉，吴宁，童磊. 衢州古村落空间形态研究 [J]. 建筑与文化，2016（2）：112-113.

[62] 王昀. 传统聚落结构中的空间概念 [M]. 北京：中国建筑工业出版社，2009.

[63] 浦欣成. 传统乡村聚落平面形态的量化方法研究 [M]. 南京：东南大学出版社，2013.

[64] 王挺，宣建华. 宗祠影响下的浙江传统村落肌理形态初探 [J]. 华中建筑，2011，29（2）：164-167.

[65] 李存华，孙志辉，陈耿，等. 核密度估计及其在聚类算法构造中的应用 [J]. 计算机研究与发展，2004，41（10）：1712-1719.

[66] 陈晨，修春亮，陈伟. 基于 GIS 的北京地名文化景观空间分布特征及其成因 [J]. 地理科学，2014，34（4）：420429.

[67] 闫庆武，卞正富，等. 基于居民点密度的人口密度空间化 [J]. 地理与地理信息科学，2011，27（5）：95-98.

[68] 袁丰，魏也华，陈雯，等. 苏州市区信息通讯企业空间集聚与新企业选址 [J]. 地理学报，2010，65（2）：153-163.

[69] 刘锐，胡伟平. 基于核密度估计的广佛都市区路网演变分析 [J]. 地理科学，2011，31（1）：81-86.

[70] 王守成，李仁杰，傅学庆，等. 基于自发地理信息的旅游地景观关注度研究——以九寨沟旅游地为例 [J]. 旅游学刊，2014，29（2）：84-92.

[71] 李全林，马晓冬. 苏北地区乡村聚落的空间格局 [J]. 地理研究，2012，31（1）：144-154.

[72] 王云才. 论景观空间图式语言的逻辑思路及体系框架 [J]. 风景园林，2017（4）：89-98.

[73]　苏州市吴中区西山镇志编纂委员会．西山镇志［M］．苏州：苏州大学出版社，2001.

[74]　洪璞．明代以来太湖南岸乡村的经济与社会变迁［M］．北京：中华书局，2005.

[75]　乌再荣．基于"文化基因"视角的苏州古代城市空间研究［D］．南京：南京大学，2009.

[76]　周运中．苏皖历史文化地理研究［D］．上海：复旦大学，2010.

[77]　李立．乡村聚落：形态、类型与演变［M］．南京：东南大学出版社，2007.

[78]　曹健，张振雄．苏州洞庭东、西山古村落选址和布局的初步研究［J］．苏州教育学院学报，2007，24（3）：72-74.